Canon
EOS 90D
数码单反摄影技巧大全

雷波 编著

化学工业出版社

·北京·

本书是一本全面解析 Canon EOS 90D 强大功能、实拍设置技巧及各类拍摄题材实战技法的实用类书籍，将官方手册中没讲清楚的内容以及抽象的功能描述，以实拍测试、精美照片展示、文字详解的形式讲明白、讲清楚。

本书不仅针对 Canon EOS 90D 相机结构、菜单功能以及光圈、快门速度、白平衡、感光度、曝光补偿、测光模式、对焦模式、拍摄模式等设置技巧进行了详细的讲解，更有详细的菜单操作图示，即使是没有任何摄影基础的初学者也能够根据这样的图示，玩转相机的菜单及功能设置。

在镜头与附件方面，本书针对数款适合该相机配套使用的高素质镜头进行了详细点评，同时对常用附件的功能、使用技巧进行了深入的解析，以便各位读者有选择地购买相关镜头、附件，与 Canon EOS 90D 配合使用拍摄出更漂亮的照片。

在实战技术方面，本书以大量精美的实拍照片，深入剖析了使用 Canon EOS 90D 拍摄人像、风光、昆虫、鸟类、花卉、建筑等常见题材的技巧，以便读者快速提高摄影技能，达到较高的境界。

全书语言简洁，图示丰富、精美，即使是接触摄影时间不长的新手，也能够通过阅读本书在较短的时间内精通 Canon EOS 90D 相机的使用并提高摄影技能，从而拍摄出令人满意的摄影作品。

图书在版编目(CIP)数据

Canon EOS 90D 数码单反摄影技巧大全/雷波编著.
—北京：化学工业出版社，2020.5（2024.1 重印）
ISBN 978-7-122-36310-7

Ⅰ.①C… Ⅱ.①雷… Ⅲ.①数字照相机-单镜头反光照相机-摄影技术 Ⅳ.①TB86②J41

中国版本图书馆 CIP 数据核字（2020）第 032324 号

责任编辑：孙　炜　李　辰　　　　　　　　　　装帧设计：王晓宇
责任校对：杜杏然

出版发行：化学工业出版社（北京市东城区青年湖南街 13 号　邮政编码 100011）
印　　装：天津图文方嘉印刷有限公司
710mm×1000mm　1/16　印张 13　字数 325 千字　2024 年 1 月北京第 1 版第 4 次印刷

购书咨询：010-64518888　　　　　　　　　　售后服务：010-64518899
网　　址：http://www.cip.com.cn
凡购买本书，如有缺损质量问题，本社销售中心负责调换。

定　　价：79.00 元

前　言

　　Canon EOS 90D 相机是一款 APS-C 画幅的数码单反相机，内置了约 3250 万支持全像素双核 CMOS AF 的 CMOS 图像感应器，具备最多 5481 个自动对焦点，加入了实时眼部对焦功能，这样可靠的自动对焦使得相机在高速连拍模式下最高可达 11 张 / 秒。在拍摄视频方面，支持拍摄 4K 全高清视频，具有高帧频、延时短片、HDR 视频拍摄功能。集如此多优秀功能于一身的 Canon EOS 90D 相机，无论是拍摄照片还是视频，都有着超凡表现。

　　本书是一本全面解析 Canon EOS 90D 强大功能、实拍设置技巧及各类拍摄题材实战技法的实用书籍，通过实拍测试及精美照片示例，将官方手册中没讲清楚或没讲到的内容以及抽象的功能，通过实例解析，形象地展现出来。

　　在相机功能及拍摄参数设置方面，本书不仅针对 Canon EOS 90D 相机的结构、菜单功能以及光圈、快门速度、白平衡、感光度、曝光补偿、测光、对焦、拍摄模式等设置技巧进行了详细的讲解，更附有详细的菜单操作图示，即使是没有任何摄影基础的初学者也能够看懂及使用。

　　在镜头与附件方面，本书针对数款适合该相机配套使用的高素质镜头进行了详细点评，同时对常用附件的功能、使用技巧进行了深入的解析，以方便各位读者有选择地购买相关镜头及附件，与 Canon EOS 90D 相机配合使用，拍摄出更漂亮的照片。

　　在实战技术方面，本书通过展示大量精美的实拍照片，深入剖析了使用 Canon EOS 90D 相机拍摄人像、风光、动物、建筑等常见题材的技巧，以便读者快速提高摄影水平。

　　经验与解决方案是本书的亮点之一，本书精选了数位资深摄影师总结出来的关于 Canon EOS 90D 相机的使用经验及技巧，相信它们一定能够帮助广大摄影爱好者少走弯路，感觉身边时刻有"高手点拨"。此外，本书还汇总了摄影爱好者初上手使用 Canon EOS 90D 相机时可能会遇到的一些问题、问题出现的原因及解决方法，相信能够解决许多摄影爱好者遇到问题时求助无门的苦恼。

　　为了方便及时与笔者交流与沟通，欢迎读者朋友加入光线摄影交流 QQ 群（群 12：327220740）。关注我们的微博 http://weibo.com/leibobook 或微信公众号"好机友摄影"，或者在"今日头条"APP 中搜索并关注"好机友摄影学院"，收取我们每天推送的摄影技巧。我公司网站为 www.funsj.com，欢迎各位读者访问。此外，还可以通过服务电话及微信号 13011886577 与我们沟通交流摄影方面的问题。

编　者

2020 年 1 月

目录

第 4 章 灵活使用曝光模式拍出好照片

第 5 章 拍出佳片必须掌握的高级曝光技巧

第 6 章 Canon EOS 90D 实时显示与高清视频拍摄技巧

第 7 章 Canon EOS 90D 镜头选择与使用技巧

第 8 章 用附件为照片增色的技巧

第 9 章 Canon EOS 90D 人像摄影技巧

第 10 章 Canon EOS 90D 风光摄影技巧

第 11 章 Canon EOS 90D 动物摄影技巧

第 12 章 Canon EOS 90D 建筑摄影技巧

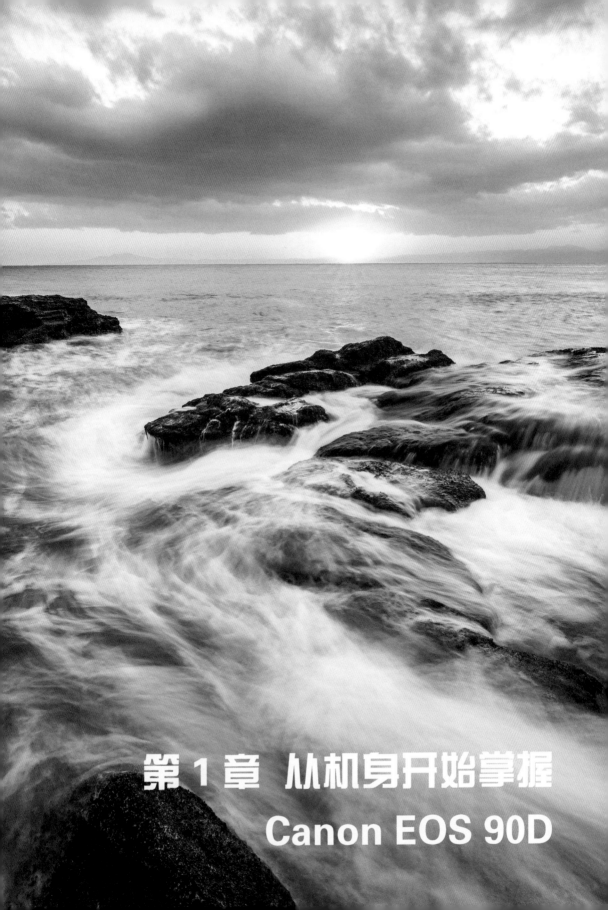

第 1 章　从机身开始掌握
Canon EOS 90D

Canon EOS 90D 相机
正面结构

❶ 遥控感应器

使用 RC-6 遥控器可以在最远 5m 处拍摄。只有遥控器的方向指向该遥控感应器，遥控感应器才能接收到遥控器发出的信号，并完成对焦和拍摄任务。使用 RC-6 可以进行立即拍摄或 2s 延时拍摄。

❷ 快门按钮

半按快门可以开启相机的自动对焦及测光功能，完全按下时完成拍摄。当相机处于省电状态时，轻按快门可以恢复工作状态。

❸ 减轻红眼/自拍定时器/遥控指示灯

当启用减轻红眼功能后，在闪光摄影时半按快门按钮，此灯将会亮起；当设置 2s 或 10s 自拍功能或使用遥控器拍摄时，按下快门按钮后此灯会连续闪光进行提示。

❹ EF/EF-S镜头安装标志

将镜头上的红色（EF 镜头安装标志）或白色（EF-S 镜头安装标志）标志与机身上的相同颜色的标志对齐，然后旋转镜头即可完成安装。

❺ 内置麦克风

在拍摄短片时，可以通过此麦克风录制单声道音频。

❻ 手柄（电池仓）

在拍摄时用右手持握此处。该手柄遵循人体工程学设计，持握起来非常舒适。

❼ 景深预览按钮

按下景深预览按钮，可以将镜头光圈缩小到当前使用的光圈值，因此可以更真实地观察到以当前光圈拍摄的画面景深效果。

❽ 触点

用于相机与镜头之间传递信息。将镜头拆下后，请务必装上机身盖，以免刮伤电子触点。

❾ 反光镜

未拍摄时反光镜为落下状态；拍摄时反光镜会升起，并按照指定的曝光参数进行曝光。反光镜升起和落下时会产生一定的机震，尤其是使用 1/30s 以下的低速快门时更为明显，使用反光镜预升功能可以避免由于机震而导致的画面模糊。

❿ 镜头卡口

用于安装镜头，并与镜头之间传递距离、光圈、焦距等信息。

⓫ 镜头固定销

用于稳固机身与镜头之间的连接。

⓬ 镜头释放按钮

用于拆卸镜头，按住此按钮并旋转镜头的镜筒，可以把镜头从机身上取下来。

Canon EOS 90D 相机
顶部结构

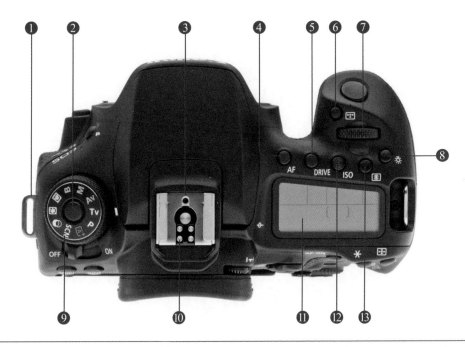

❶ 背带环

用于安装相机背带。

❷ 模式转盘解锁按钮

只需按住转盘中央的模式转盘锁释
放按钮，再转动模式转盘即可选择
拍摄模式。

❸ 热靴

用于外接闪光灯，热靴上的触点正
好与外接闪光灯上的触点相合；也
可以外接无线同步器，在有影室灯
的情况下起引闪的作用。

❹ 自动对焦操作 / 自动对焦方式选择按钮

按下此按钮，转动主拨盘👝或速控
转盘〇可以选择自动对焦模式。

❺ 驱动模式选择按钮

按下此按钮，转动主拨盘👝可选择
驱动模式。

❻ 自动对焦区域 / 自动对焦方式选择按钮

使用取景器拍摄时，按下此按
钮可以设置自动对焦区域模式；
使用实时显示模式拍摄时，按
下此按钮可以设置自动对焦方
式。每次按下此按钮时自动对
焦区域模式或自动对焦方式会
改变。

❼ 主拨盘

使用主拨盘👝可以设置快门速
度、光圈、自动对焦模式、ISO
感光度、驱动模式等。

❽ 液晶显示屏照明按钮

按下此按钮可开启 / 关闭液晶显
示屏照明功能。

❾ 模式拨盘

用于选择拍摄模式，包括场景
智能自动曝光模式、闪光灯关

特殊场景模式、创意滤镜模
式，以及 P、Tv、Av、M、B、
C 等模式。使用时需要按住
模式转盘锁释放按钮，然后
旋转模式转盘，使想要的模
式对准右侧的白色标记即可。

❿ 闪光同步触点

用于相机与闪光灯之间传递
焦距、测光等信息。

⓫ 液晶显示屏

用于显示拍摄时的各种参数。

⓬ ISO 感光度设置按钮

按下此按钮，转动主拨盘👝
或速控转盘〇可以选择 ISO
感光度数值。

⓭ 测光模式选择按钮

按下此按钮，转动主拨盘
👝或速控转盘〇可选择测
光模式。

Canon EOS 90D 相机
背面结构

❶ 屏幕
在屏幕上可以进行设定菜单功能、使用实时显示模式拍摄、回放照片和短片等操作。另外,屏幕是可触摸控制的,可以通过手指点击、滑动来操作。在使用实时显示模式拍摄时,还可以通过旋转此屏幕来获得更为方便观看的角度和方向。

❷ 菜单按钮
用于启动相机内的菜单功能。在菜单中可以对图像画质、日期/时间/区域、照片风格等参数进行调整。

❸ 信息按钮
在照片拍摄模式、短片拍摄模式及回放模式下,每次按下此按钮,会依次切换信息显示。

❹ 眼罩
推眼罩的底部即可将其拆下。

❺ 取景器目镜
在拍摄时,可通过观察取景器目镜里面的景物进行取景构图。

❻ 屈光度调节旋钮
向左或向右转动旋钮,以使取景器中的画面显得更清晰。如果旋钮不容易转动,请卸下眼罩。

❼ 实时显示拍摄/短片拍摄开关
将此开关拨至 ❏,可以选择实时显示拍摄模式,拨至 🎥 可以选择短片模式。

❽ 开始/停止按钮
当选择好实时显示拍摄或短片拍摄模式后,按下此按钮即可进入实时显示或短片拍摄状态,再次按下此按钮则退出实时显示或短片拍摄状态。

❾ 自动对焦启动按钮
在创意拍摄区模式下,按下此按钮与半按快门的效果一样;在实时显示拍摄和拍摄短片时,可以使用此按钮进行对焦。

❶ 自动曝光锁/闪光曝光锁按钮/索引/缩小按钮

在拍摄模式下，按下此按钮可以锁定曝光或闪光曝光，然后就可以以相同曝光值拍摄多张照片；在照片回放模式下，按下此按钮可以进行索引显示；在照片回放模式下，按住此按钮可以缩小照片的显示比例。

❷ 自动对焦点选择/放大按钮

在拍摄模式下，按下此按钮可以使用多功能控制钮选择自动对焦点；在照片回放模式下，按住此按钮可以放大照片的显示比例。

❸ 数据处理指示灯

拍摄照片、正在将数据传输到存储卡及正在读取或删除存储卡上的数据时，该指示灯将会亮起或闪烁。

❹ 速控按钮

按下此按钮将显示速控屏幕，从而进行常用功能设置。

❺ 多功能控制钮2

使用该按钮可以选择自动对焦点、矫正白平衡、在实时显示或短片拍摄期间移动自动对焦框；对于菜单和速控屏幕而言，只能在上、下、左、右方向工作。

❻ 速控转盘

按下一个功能按钮后，转动速控转盘可以完成相应的设置，直接转动速控转盘则可设定曝光补偿量，或在手动曝光模式下设置光圈值。

❼ 多功能锁开关

当将其推至上方时则锁定主拨盘、速控转盘及多功能控制钮或点击触摸屏，以防止因相机移动而改变参数设置，推至下方则解除锁定。

❽ 删除按钮

在回放照片模式下，按下此按钮可以删除当前照片。照片一旦被删除，将无法被恢复。

❾ 回放按钮

按下此按钮可以回放所拍摄的照片，此时可以使用放大或缩小按钮对照片进行放大或缩小。当再次按下回放按钮时，即可返回拍摄状态。

❿ 设置按钮

用于菜单功能选择的确认，类似于其他相机上的 OK 按钮。

⓫ 多功能控制钮1

包括八个方向键和中间按钮，使用时用手指尖轻按。与多功能控制钮 2 的操作应用一样。

Canon EOS 90D 相机

侧面结构

❶ 闪光灯按钮

在 P、Tv、Av、M 、B 模式下，按下此按钮，相机会弹出内置闪光灯，并在拍摄时闪光；在其他曝光模式下，如果环境光线较暗，相机将自动弹出内置闪光灯。

❷ 外接麦克风输入端子

通过将带有立体声微型插头的外接麦克风连接到相机的外接麦克风输入端子，便可录制立体声。

❸ 耳机端子

通过将带有立体声微型插头的立体声耳机连接到相机的耳机端子，可以在短片拍摄期间听到声音。

❹ 遥控端子

当将快门线 RS-60E3 连接到相机的遥控端子时，可以通过快门线上的快门按钮进行拍摄。

❺ 数码端子

使用接口连接线插入此端子将相机与计算机连接起来，可以利用 EOS Utility 软件将相机中的图像传输到计算机上。

❻ HDMI mini输出端子

此端口用于将相机与 HD 高清晰度电视机连接在一起，以便在电视机上播放相机中的静止图像和短片。但是，HDMI 连接线需要另外购买。

❼ 存储卡插槽盖

打开此盖可以安装或拆卸SD存储卡。

Canon EOS 90D 相机

底部结构

❶ 电池仓盖释放杆

用于安装和更换锂离子电池。安装电池时，应先移动电池仓盖释放杆，然后打开舱盖。

❷ 电池仓盖

打开电池舱盖后可拆装电池。

❸ 三脚架接孔

用于将相机固定在脚架上。安装时顺时针转动脚架快装板上的旋钮，可以将相机固定在脚架上。

Canon EOS 90D 相机

液晶显示屏

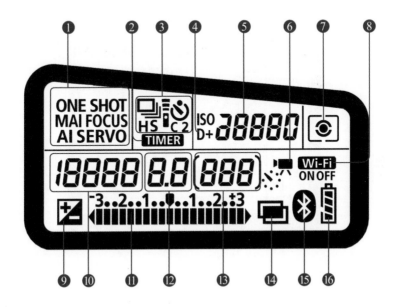

- ❶ 自动对焦操作
- ❷ 间隔定时器 /B 门定时器
- ❸ 驱动模式
- ❹ 高光色调优先
- ❺ ISO 感光度
- ❻ 延时短片
- ❼ 测光模式
- ❽ Wi-Fi 功能
- ❾ 曝光补偿
- ❿ 快门速度
- ⓫ 曝光量指示标尺
- ⓬ 光圈值
- ⓭ 可拍摄数量 / 自拍倒计时 /B 门曝光时间 / 错误编号 / 剩余可记录的图像数量
- ⓮ 多重曝光
- ⓯ 蓝牙功能
- ⓰ 电池电量

Canon EOS 90D 相机

光学取景器

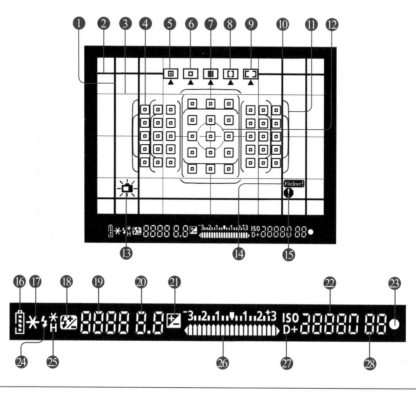

❶ 长宽比线（4：3）

❷ 长宽比线（16：9）

❸ 网格线

❹ 单点自动对焦点口 / 定点自动对焦点回

❺ 定点自动对焦（手动选择）

❻ 单点自动对焦（手动选择）

❼ 区域自动对焦（手动选择区域）

❽ 大区域自动对焦（手动选择区域）

❾ 自动选择自动对焦

❿ 长宽比线（1：1）

⓫ 区域自动对焦框

⓬ 点测光圈

⓭ 电子水准仪

⓮ 闪烁检测

⓯ 警告符号

⓰ 电池电量

⓱ 自动曝光锁 / 自动包围曝光进行中

⓲ 闪光曝光补偿

⓳ 快门速度

⓴ 光圈值

㉑ 曝光补偿

㉒ ISO 感光度

㉓ 对焦指示

㉔ 使用闪光灯的警告（闪烁）/ 闪光灯准备就绪（点亮）/ 超出闪光曝光锁范围警告（闪烁）

㉕ 闪光曝光锁 ⚡* / 闪光包围曝光进行中 / 高速同步 ⚡H

㉖ 曝光量指示标尺 / 曝光补偿量 / 自动包围曝光范围 / 减轻红眼灯亮起指示

㉗ 高光色调优先

㉘ 最大连拍数量 / 剩余多重曝光次数

Canon EOS 90D 相机

速控屏幕

❶ 自动对焦操作	❼ 快门速度	⓮ 自动亮度优化
❷ 自动对焦区域选择模式/自动对焦点选择	❽ 白平衡校正	⓯ 自定义控制项
❸ 照片风格	❾ 光圈值	⓰ 图像画质
❹ 白平衡	❿ 白平衡包围曝光	⓱ 驱动模式
❺ 曝光量指示标尺	⓫ ISO感光度	⓲ 测光模式
❻ 拍摄模式	⓬ 闪光曝光补偿	
	⓭ Wi-Fi功能	

〖焦距：24mm │光圈：F8 │快门速度：1/500s │感光度：ISO200〗

第 2 章 初上手一定要学会的菜单设置

掌握 Canon EOS 90D 的参数设置方法

通过菜单设置相机参数

Canon EOS 90D 的菜单功能非常丰富，熟练掌握与菜单相关的操作可以帮助我们更快速、准确地对相机进行设置。

● **菜单按钮**
按此按钮即可在屏幕中显示菜单项目。

● **主设置页**

● **第二设置页**

● **屏幕**
用于显示菜单项目。

● **SET按钮**
用于选择菜单命令或确认当前的设置。

● **速控转盘**
用于选择菜单命令。

我们先来认识一下 Canon EOS 90D 相机提供的菜单设置页，即位于菜单顶部的各个图标，从左到右依次为拍摄菜单 ▣、回放菜单 ▶、设置菜单 ✦、无线功能 (ᵗₚ)、自定义功能菜单 ▣，及我的菜单 ★。在操作时，按 Q 或 INFO 按钮可在各个主设置页之间进行切换，转动主拨盘 ▨ 可选择第二设置页，还可以通过点击设置图标直接选择。

通过点击触摸屏设置菜单

由于 Canon EOS 90D 的屏幕是触摸屏，因此操作起来很简单。下面以设置照片风格选项为例，介绍通过点击屏幕来设置菜单参数的操作方法。

❶ 点击**拍摄菜单**图标，即可切换到该菜单设置页。

❷ 点击 3 图标切换到**拍摄菜单 3**设置页，然后选择**照片风格**选项即可进入其详细参数设置界面。

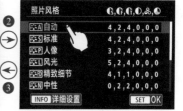

❸ 点击**自动**图标，然后点击 SET OK 图标确定，即可将照片风格设置为风光模式。

使用 Canon EOS 90D 相机的速控屏幕设置参数

什么是速控屏幕

Canon EOS 90D 的机身背面有一块较大的显示屏，被称为"屏幕"。可以说，Canon EOS 90D 大部分的查看与设置操作，都需要通过屏幕来完成，如回放照片以及拍摄参数设置等。

速控屏幕就是指屏幕显示参数的状态，在开机的情况下，按机身背面的Q按钮，即可在拍摄或播放照片时开启速控屏幕。

▲ 当使用取景器取景，而屏幕仅显示参数时，按Q按钮显示的速控屏幕状态

▲ 当使用屏幕取景时，按Q按钮显示的速控屏幕状态

▲ 在播放照片模式下，按Q按钮显示的速控屏幕状态

使用速控屏幕设置参数的方法

以屏幕显示参数状态下显示的速控屏幕为例，使用速控屏幕设置参数的步骤如下。

❶ 使用▲▼◀▶选择要设置的功能。

❷ 某些项目通过转动主拨盘🗝或速控转盘◎可以改变设置。

❸ 如果在选择好一个参数后，按 SET 按钮，可以进入该参数的详细设置界面。调整参数后再按 SET 按钮即可返回上一级界面。其中，光圈、快门速度等参数是无需按照此方法设置的。

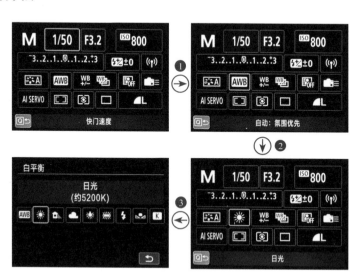

由于 Canon EOS 90D 相机的屏幕具有触摸功能，因此上述操作均可通过手指直接点击屏幕来完成。

掌握液晶显示屏的使用方法

Canon EOS 90D 的液晶显示屏是在设置参数时不可或缺的重要部件，甚至可以说，液晶显示屏囊括了几乎全部的常用参数，这已经足以满足我们进行绝大部分参数设置的需要，耗电量又非常低，且便于观看，非常推荐用户使用。

通常情况下，使用液晶显示屏设置参数时，应先在机身上按相应的按钮，然后转动主拨盘或速控转盘即可调整相应的参数。当然，光圈、快门速度等参数，在某些拍摄模式下，直接转动主拨盘或速控转盘即可进行设置，而无须按任何按钮。右侧的操作示意图展示了通过液晶显示屏设置 ISO 数值的操作方法。

▶ 操作方法

按住ISO按钮，然后转动主拨盘即可调整感光度数值。

设置相机显示参数

设置液晶显示屏的亮度级别

通过显示屏亮度菜单可以调节屏幕的亮度，也正因为屏幕亮度可以调节，所以不建议读者通过显示屏上的画面来判断实际照片的亮度，而应该通过直方图来判断照片曝光是否正确。

另外，当电池电量不足时，降低屏幕亮度可以有效节省电量，从而能拍摄更多的照片。

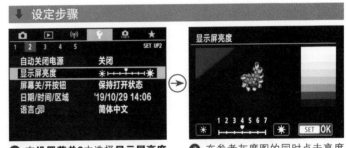

❶ 在**设置菜单2**中选择**显示屏亮度**选项。

❷ 在参考灰度图的同时点击亮度图标并调节液晶屏的亮度，然后点击 SET OK 图标即可。

 高手点拨：同一张照片在不同的屏幕亮度设置下，在显示屏上所显示的亮度将会有较大差异。而同一张照片只会有一个柱状图，所以利用柱状图来判断照片曝光情况是最准确的方法。

自动关闭电源节省电量

在"自动关闭电源"菜单中可以选择自动关闭电源的时间，在设置完成后，如果在设定的时间内不操作相机，那么相机将会自动关闭电源，从而节约电池的电量。

● 10 秒 /30 秒 /1 分 /2 分 /4 分 /8 分 /15 分：选择此选项，相机将会在选择的时间内没有操作而关闭电源。

● 关闭（OFF）：选择此选项，即使在30分钟内不操作相机，相机也不会自动关闭电源。在屏幕被自动关闭后，按任意按钮可唤醒相机。

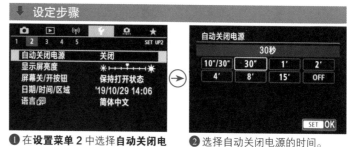

❶ 在**设置菜单 2** 中选择**自动关闭电源**选项。

❷ 选择自动关闭电源的时间。

 高手点拨：在实际拍摄中，可以将"自动关闭电源"设置为 2~4分钟，这样既可以保证抓拍的即时性，又可以最大限度地节约电池电量。

屏幕关 / 开按钮

屏幕可以显示各种参数，方便摄影师查看相关信息，通过"屏幕关 / 开按钮"菜单可以设置在使用取景器拍摄时，是否随着半按快门按钮而关闭屏幕显示。

● 保持打开状态：选择此选项，在半按快门时，屏幕不会关闭显示，只能按 INFO 按钮才能关闭屏幕显示。

● 快门按钮：选择此选项，半按快门按钮时屏幕会关闭显示，释放快门按钮后屏幕显示将重新打开。

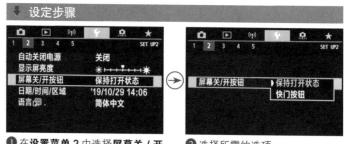

❶ 在**设置菜单 2** 中选择**屏幕关 / 开按钮**选项。

❷ 选择所需的选项。

图像确认

为了方便拍摄后立即查看拍摄结果，可在"图像确认"菜单中设置拍摄后屏幕显示图像的时间长度。

● 关：选择此选项，拍摄完成后相机不自动显示图像。

● 持续显示：选择此选项，相机会在拍摄完成后保持图像的显示，直到手动操作退出为止。

● 2秒/4秒/8秒：选择不同的选项，可以控制相机显示图像的不同时长。

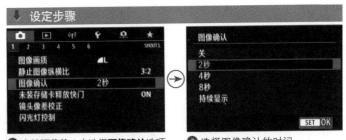

❶ 在**拍摄菜单1**中选择**图像确认**选项。　❷ 选择图像确认的时间。

 高手点拨：一般情况下，两秒已经足够使摄影师做出曝光准确与否的判断了。当电量不足时，建议将其设置为"关"。在显示图像确认的时候，半按快门可以直接返回拍摄状态。

自动旋转省去后期操作

当竖拍照片时，可以使用"自动旋转"功能将显示的图像旋转到所需要的方向。

● 开🖾🖵：选择此选项，回放照片时，竖拍图像会在屏幕和计算机上自动旋转。

● 开🖵：选择此选项，竖拍图像仅在计算机上自动旋转。

● 关：照片不会自动旋转。

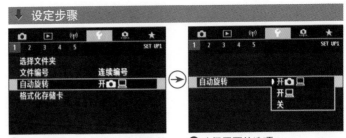

❶ 在**设置菜单1**中选择**自动旋转**选项。　❷ 选择需要的选项。

▲ 竖拍时的状态

▲ 选择第一个选项后，浏览照片时竖拍照片自动旋转至竖直方向

▲ 选择第2、3个选项时，浏览照片时竖拍照片仍然保持拍摄时的方向

设置取景器显示

Canon EOS 90D 相机的取景器除了可以显示曝光参数外，还可以显示电子水准仪、网格线、闪烁检测 3 种拍摄信息。在"取景器显示"菜单中，可以设置取景器显示的内容。

⬇ 设定步骤

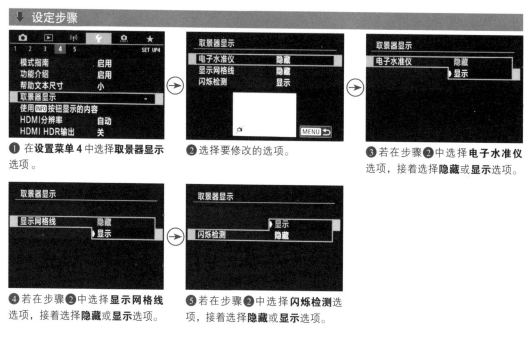

❶ 在**设置菜单4**中选择**取景器显示**选项。

❷ 选择要修改的选项。

❸ 若在步骤❷中选择**电子水准仪**选项，接着选择**隐藏**或**显示**选项。

❹ 若在步骤❷中选择**显示网格线**选项，接着选择**隐藏**或**显示**选项。

❺ 若在步骤❷中选择**闪烁检测**选项，接着选择**隐藏**或**显示**选项。

● 电子水准仪：选择此选项，可以设置在取景器中，显示或隐藏电子准仪功能。当显示电子水准仪时，可以在拍摄期间，校正垂直和水平方向的相机倾斜。

● 显示网格线：选择此选项，可以设置是否在取景器中显示 6×4 的辅助网格。

● 闪烁检测：选择此选项，当相机检测到光源闪动导致画面的闪烁时，会在取景器中出现 **Flicker!** 图标。

◀ 在拍摄有地平线的风景照片时，显示电子水准仪和网格线，以确保画面中的地平线处于水平状态。『焦距：20mm ┊ 光圈：F8 ┊ 快门速度：1/15s ┊ 感光度：ISO100』

设置相机控制参数

清除全部相机设置

利用"清除全部相机设置"功能可以一次性清除所有设定的自定义功能，而将它恢复到出厂时的默认设置状态，免去了逐一清除的麻烦。

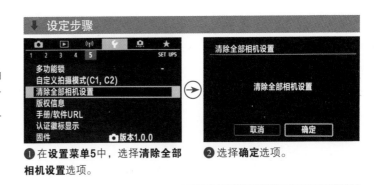

❶ 在**设置菜单5**中，选择**清除全部相机设置**选项。

❷ 选择**确定**选项。

未装存储卡释放快门

如果忘记为相机装存储卡，无论你多么用心拍摄，最后一张照片也留不下来，白白浪费时间和精力。利用"未装存储卡释放快门"菜单可防止未安装储存卡而进行拍摄的情况出现。

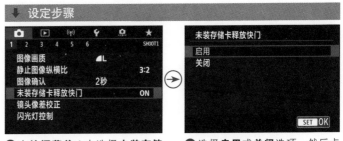

❶ 在**拍摄菜单1**中选择**未装存储卡释放快门**选项。

❷ 选择**启用**或**关闭**选项，然后点击 SET OK 图标确认。

 **高手点拨**：为了避免操作失误而导致错失拍摄良机，建议将该选项设置为"关闭"。

● 启用：选择此选项，未安装储存卡时仍然可以按下快门，但照片无法被存储。

● 关闭：选择此选项，如果未安装储存卡时按下快门，则快门按钮无法被按下。

触摸控制

与触屏手机一样，Canon EOS 90D 相机也可以通过"触摸控制"菜单设置触摸屏的敏感度。选择"标准"选项时，触摸操作时为正常的感应速度，若想让感应更加迅速，可以选择"灵敏"选项，若不习惯使用触摸操作，则可以选择"关闭"选项。

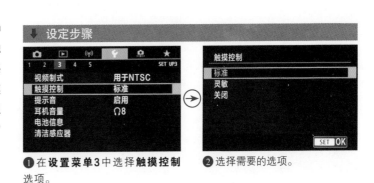

❶ 在**设置菜单3**中选择**触摸控制**选项。

❷ 选择需要的选项。

自定义控制按钮

Canon EOS 90D 机身上有很多按钮，并被赋予了不同的功能，以便于我们进行快速的设置。根据个人的操作习惯，我们可以为这些按钮重新指定功能。

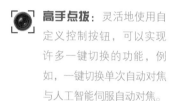 **高手点拨**：灵活地使用自定义控制按钮，可以实现许多一键切换的功能，例如，一键切换单次自动对焦与人工智能伺服自动对焦。

设定步骤

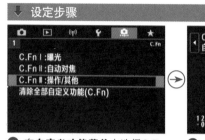

❶ 在**自定义功能菜单**中选择C.Fn Ⅲ：**操作/其他**选项。

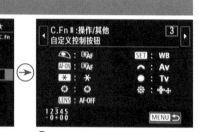

❷ 点击◀或▶图标选择C.Fn Ⅲ：**操作/其他（3）自定义控制按钮**选项。

❸ 选择要重新定义的按钮，此处选择的是自动曝光锁按钮。

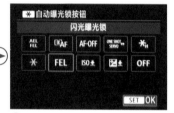

❹ 选择**闪光曝光锁**选项，然后点击 SET OK 图标确认。

清除全部自定义功能（C.Fn）

"清除全部自定义功能"与"设置菜单4"中的"清除全部相机设置"不同，这里清除的是全部自定义功能设置。

需要注意的是，即使清除了所有自定义功能设置，"C.Fn Ⅲ -3 自定义控制按钮"的设置也将被保留。

设定步骤

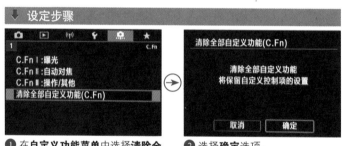

❶ 在**自定义功能菜单**中选择**清除全部自定义功能**（C.Fn）选项。

❷ 选择**确定**选项。

设置影像存储参数

根据照片的用途设置画质

设置合适的分辨率为后期处理做准备

在设置图像的画质之前，应先了解一下图像的分辨率。图像的分辨率越高，照片的质量就越理想，在计算机后期处理时裁剪的余地就越大，同时文件所占空间也就越大。Canon EOS 90D 可拍摄图像的最大分辨率为 6960×4640，相当于 3230 万像素，这样拍摄的照片有很大的后期处理空间。

合理利用画质设定节省存储空间

在拍摄前，用户可以根据自己对画质的要求进行设定。在存储卡空间充足的情况下，最好使用最高分辨率拍摄，这样可以使拍摄的照片在放得很大的情况下也很清晰。不过使用最高分辨率也存在缺点，因为使用最高分辨率拍摄时，图像文件过大，导致照片存储的速度会减慢，所以在进行高速连拍时，最好适当地降低分辨率。

Q：什么是 RAW 格式文件？

A：简单地说，RAW 格式文件就是一种数码照片文件格式，包含了数码相机传感器未处理的图像数据，相机不会处理来自传感器的色彩分离的原始数据，仅将这些数据保存在存储卡上，这意味着相机将（所看到的）全部信息都保存在图像文件中。采用 RAW 格式拍摄时，数码相机仅保存 RAW 格式图像和 EXIF 信息（相机型号、所使用的镜头，以及焦距、光圈、快门速度等），摄影师设定的相机预设值（例如对比度、饱和度、清晰度和色调等）都不会影响所记录的图像数据。

Q：使用 RAW 格式拍摄的优点有哪些？

A：使用 RAW 格式拍摄的优点如下：

● 可将相机中的许多文件后期工作转移到计算机上进行，从而可进行更细致的处理，包括白平衡调节、高光区、阴影区和低光区调节，以及清晰度、饱和度控制。对于非 RAW 格式文件而言，由于在相机内处理图像时，已经应用了白平衡设置，因而无损改变是不可能的。

● 可以使用最原始的图像数据（直接来自传感器），而不是经过处理的信息，这毫无疑问将获得更好的效果。

● 可利用 14 位图片文件进行高位编辑，这意味着具有更多的色调和数据，可以使最终的照片获得更平滑的梯度和色调过渡。

设定步骤

❶ 在**拍摄菜单 1** 中选择**图像画质**选项。

❷ 选择所需要的画质选项，然后点击 SET OK 图标确认。

 高手点拨： 在存储卡的存储空间足够大的情况下，应尽量选择RAW格式进行拍摄，因为现在大多数软件都支持RAW格式，所以不建议使用RAW+L JPEG格式，以免浪费空间。如果存储卡空间比较紧张，可以根据所拍照片的用途等来选择JPEG格式或RAW格式。

Canon EOS 90D 各种画质的格式、记录的像素量、文件大小、可拍摄数量及最大连拍数量（依据32GB 存储卡、高速连拍、ISO100、3∶2 长宽比、标准照片风格的测试标准）如下表所示。

文件格式	画　质	记录像素	文件尺寸（MB）	可拍摄数量	最大连拍数量	
					标准	高速
JPEG	◢ L	32M	11.1	2720	57	58
	◢ L		5.6	5380	57	58
	◢ M	15M	5.8	5190	55	55
	◢ M		3.0	9860	57	56
	◢ S1	8.1M	3.6	8390	57	57
	◢ S1		2.0	14600	57	57
	S2	3.8M	1.6	18390	57	57
RAW	RAW	32M	35.6	850	24	25
	CRAW	32M	20.4	1490	39	39
	RAW ◢ L	32M+32M	35.6+11.1	650	23	24
	CRAW ◢ L	32M+32M	20.4+11.1	960	37	36

EOS 90D

Q：后期处理能够调整照片高光中极白或阴影中极黑的区域吗？

A：虽然以 RAW 格式存储的照片，可以在后期软件中对超过标准曝光 ±2 挡的画面进行有效修复，但是对于照片中高光处所出现的极白或阴影处所出现的极黑区域，即使使用最好的后期软件也无法恢复其中的细节，因此在拍摄时要尽可能地确定好画面的曝光量，或通过调整构图，使画面中避免出现极白或极黑的区域。

选择文件夹

利用此菜单可以自由创建和选择保存照片的文件夹，以实现拍摄时将不同题材的照片保存到不同文件夹的目的。

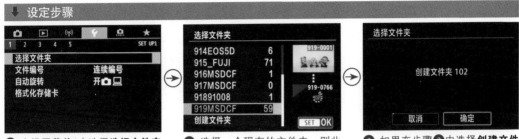

❶ 在**设置菜单1**中选择**选择文件夹**选项。

❷ 选择一个现有的文件夹，则此后拍摄的照片将被记录在选定的文件夹中。

❸ 如果在步骤❷中选择**创建文件夹**选项，并点击 SET OK 图标可以创建一个文件夹编号增加 1 的新文件夹，然后选择**确定**选项即可。

格式化存储卡

"格式化存储卡"功能用于删除储存卡内的全部数据。一般在新购买储存卡后，应在拍摄前对其进行格式化。选择"确定"选项，界面中将显示"格式化存储卡全部数据将丢失！"的提示。格式化会将保护的照片也一并删除，因此在操作前要特别注意。

如果储存卡记录或读取速度较慢，可选择"低级格式化"进行格式化，"低级格式化"将比"标准格式化"花费更多的时间。

高手点拨：对于新购买的存储卡或者其他相机、计算机使用过的存储卡，建议在使用前进行一次格式化，以免发生记录格式错误。

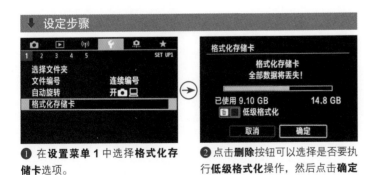

❶ 在**设置菜单 1** 中选择**格式化存储卡**选项。

❷ 点击**删除**按钮可以选择是否要执行**低级格式化**操作，然后点击**确定**按钮即可。

设置照片拍摄风格

使用预设照片风格

根据不同的拍摄题材，可以选择相应的照片风格，从而实现更佳的画面效果。Canon EOS 90D 的照片风格包括自动、标准、人像、风光、精致细节、中性、可靠设置、单色等。

● 自动：使用此风格拍摄时，色调将自动调节为适合拍摄场景，尤其在拍摄蓝天、绿色植物以及自然界的日出和日落场景时，色彩会显得更加生动。

● 标准：此风格是最常用的照片风格，使用该风格拍摄的照片画面清晰，色彩鲜艳、明快。

● 人像：使用此风格拍摄人像时，人的皮肤会显得更加柔和、细腻。

● 风光：此风格适合拍摄风光，对画面中的蓝色和绿色有非常好的展现。

● 精致细节：此风格会将被摄体的详细轮廓和细腻纹理表现出来，颜色会略微鲜明。

● 中性：此风格适合偏爱计算机图像处理的用户，使用该风格拍摄的照片色彩较为柔和、自然。

● 可靠设置：此风格也适合偏爱计算机图像处理的用户，当在 5200K 色温下拍摄时，相机会根据主体的颜色调节色彩饱和度。

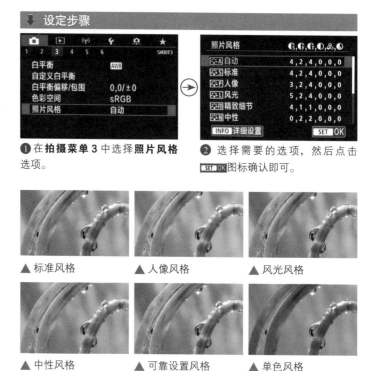

设定步骤

❶ 在**拍摄菜单 3** 中选择**照片风格**选项。

❷ 选择需要的选项，然后点击 SET OK 图标确认即可。

▲ 标准风格　　▲ 人像风格　　▲ 风光风格

▲ 中性风格　　▲ 可靠设置风格　　▲ 单色风格

● 单色：使用此风格可拍摄黑白或单色的照片。

高手点拨：在拍摄时，如果拍摄题材常有大的变化，建议使用"标准"风格，比如在拍摄人像题材后紧接着再拍摄风光题材时，这样就不会造成风光照片不够锐利的问题，属于比较中庸和保险的选择。

Q：为什么要使用照片风格功能？

A：数码相机在记录图像之前会在图像感应器的信号输出中对图像的色调、亮度及轮廓进行修正处理，使用照片风格功能，可以在拍摄前设置所需修正的照片风格。如果在拍摄照片前已经根据需要设置了合适的照片风格（例如，"人像"照片风格适合拍摄人物；"风光"照片风格适合拍摄天空和深绿色的树木等），则无须在拍摄后使用后期处理软件编辑图像，因为相机会记录所有的特性。该功能还可以防止使用后期处理软件转存图像文件时发生的图像质量下降问题。

修改预设的照片风格参数

在前面讲解的预设照片风格中，用户可以根据需要修改其中的参数，以满足个性化的需求。在选择某一种照片风格后，按机身上的INFO.按钮即可进入其详细设置界面。

设定步骤

❶ 在**拍摄菜单3**中选择**照片风格**选项。

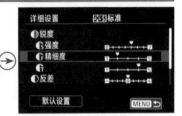

❷ 选择要修改的照片风格，然后点击 INFO. 详细设置 图标。

详细设置界面

❸ 选择要编辑的参数选项，此处以**精细度**选项为例。

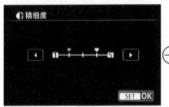

❹ 进入参数的编辑状态，点击◀或▶图标可调整强度的数值，然后点击 SET OK 图标确认。

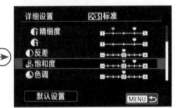

❺ 可依次修改其他选项，设置完成后点击 MENU 图标保存已修改的参数即可。

● 锐度：控制图像的锐度。在"强度"选项中，向0端靠近则降低锐化的强度，图像变得越来越模糊；向7端靠近则提高锐度，图像变得越来越清晰。在"精细度"选项中，可以设定强调轮廓的精细度，数值越小，要强调的轮廓越精细。在"临界值"选项中，根据被摄体和周围区域之间反差的程度设定强调轮廓的程度，数值越小，当反差越低时越强调轮廓，但是当数值较小时，使用高ISO感光度拍摄的画面噪点会比较明显。

▲ 设置锐化强度前（+0）后（+4）的效果对比

● 反差：控制图像的反差及色彩的鲜艳程度。越向█端靠近则降低反差，图像变得越来越柔和；越向█端靠近则提高反差，图像变得越来越明快。

▲ 设置反差前（-1）后（+3）的效果对比

● 饱和度：控制色彩的鲜艳程度。越向█端靠近则降低饱和度，色彩变得越来越淡；越向█端靠近则提高饱和度，色彩变得越来越艳。

▲ 设置饱和度前（+0）后（+3）的效果对比

● 色调：控制画面色调的偏向。越向█端靠近则越偏向于红色调；越向█端靠近则越偏向于黄色调。

▲ 向左增加红色调与向右增加黄色调的效果对比

直接拍出单色照片

在"单色"风格下可以选择不同的滤镜效果及色调效果，从而拍出更有特色的黑白或单色照片。

在"滤镜效果"选项中，可选择无、黄、橙、红和绿等色彩，从而在拍摄过程中，针对这些色彩进行过滤，得到更亮的灰色甚至白色。

● N：无，没有滤镜效果的原始黑白画面。

● Ye：黄，可使蓝天更自然、白云更清晰。

● Or：橙，可压暗蓝天，使夕阳的效果更强烈。

● R：红，可使蓝天更暗、落叶的颜色更鲜亮。

● G：绿，可将肤色和嘴唇的颜色表现得很好，树叶的颜色更加鲜亮。

在"色调效果"选项中可以选择无、褐、蓝、紫、绿等单色调效果。

● N：无，没有偏色效果的原始黑白画面。

● S：褐，画面呈现褐色，有种怀旧的感觉。

● B：蓝，画面呈现偏冷的蓝色。

● P：紫，画面呈现淡淡的紫色。

● G：绿，画面呈现偏绿色。

设定步骤

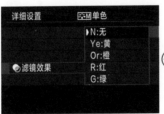

❶ 在**拍摄菜单3**中选择**照片风格**选项，然后选择**单色**选项。

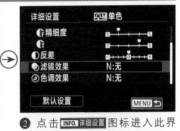

❷ 点击 **INFO.详细设置** 图标进入此界面，然后选择**滤镜效果**选项。

❸ 选择需要过滤的色彩。

❹ 若在步骤❷中选择了**色调效果**选项，选择需要增加的色调效果。

▲ 选择"单色"照片风格时拍摄的效果

▲ 设置"滤镜效果"为"红"时拍摄的效果

▲ 设置"色调效果"为"褐"时拍摄的单色照片效果

▲ 设置"色调效果"为"蓝"时拍摄的单色照片效果

随拍随赏——拍摄后查看照片

回放照片的基本操作

在回放照片时，我们可以进行放大、缩小、显示信息、前翻、后翻及删除照片等多种操作，下面通过图示来说明回放照片的基本操作方法。

按⊞·Q按钮可以切换到4张索引显示。再按⊞·Q按钮将依次按9张→36张→100张的顺序显示照片。在索引显示状态下，转动主拨盘或速控转盘以移动橙色框选择图像
按🔍按钮可以放大显示照片。使用多功能控制钮1或多功能控制钮2可查看放大的照片局部
连续按INFO.按钮，可以按无信息→基本信息→拍摄信息显示的顺序，循环显示照片的拍摄信息
按▶按钮，可开始浏览照片
按🗑按钮，可删除当前浏览的照片

1. 在回放图像时，按放大按钮🔍将放大图像。如果按住放大按钮🔍，图像将不断被放大，直至达到最大放大倍率。按缩小按钮⊞·Q则可以缩小放大的图像，如果按住该按钮，放大的图像将缩小为单张图像显示。

2. 在回放图像时，按缩小按钮⊞·Q将变成索引显示。在索引显示状态下，按SET按钮可以将所选择的照片切换成单张图像显示。

3. 使用多功能控制钮1✣或多功能控制钮2✣可滚动显示放大的图像。按回放按钮▶将恢复单张图像显示。

4. 在按INFO.按钮显示至“拍摄信息显示”状态的屏幕时，可以按▼或▲方向键切换显示屏幕下方的拍摄信息。

Q+A EOS 90D

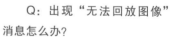

Q：出现“无法回放图像”消息怎么办？

A：在相机中回放图像时，如果出现“无法回放图像”消息，可能有以下几方面原因：

- 存储卡中的图像已导入计算机并进行了编辑处理，然后又保存回了存储卡。
- 正在尝试回放非佳能相机拍摄的图像。
- 存储卡出现故障。

旋转图像

当需要浏览竖拍的照片时，可以使用"旋转图像"功能对照片进行 90°、270° 的旋转。

 高手点拨：如果在"设置菜单1"中选择了"自动旋转"选项，就无须对竖拍照片进行手动旋转了。

设定步骤

❶ 在**回放菜单 1** 中选择**旋转图像**选项。

❷ 左右滑动选择要旋转的照片。

❸ 连续点击 SET ▣ 图标，图像将顺时针、逆时针旋转 90°，最后恢复原始状态。

用 ◯ 进行图像跳转

通常情况下，可以使用主拨盘或十字键来跳转照片，但每次只支持跳转一个文件（照片、视频等）。如果想按照其他方式进行跳转，则可以使用主拨盘◯并进行相关功能的设置，如每次跳转10张或100张照片，或者按照日期、文件夹来显示图像。

- ◯ ⌐ᵢ：选择此选项并转动主拨盘，将逐个显示图像。
- ◯ ⌐₁₀：选择此选项并转动主拨盘，一次将跳转 10 张图像。
- ◯ ⌐ᵢ：选择此选项并转动主拨盘，一次将跳转指定的张数的图像。
- ◯ ⌐◯：选择此选项并转动主拨盘，将按日期显示图像。
- ◯ ⌐◻：选择此选项并转动主拨盘，将按文件夹显示图像。
- ◯ ⌐▦：选择此选项并转动主拨盘，将只显示短片。
- ◯ ⌐◻：选择此选项并转动主拨盘，将只显示静止图像。
- ◯ ⌐◻：选择此选项并转动主拨盘，将只显示受保护的图像。
- ◯ ⌐★：选择此选项并转动主拨盘，将按图像评分显示图像。

设定步骤

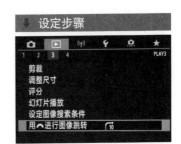

❶ 在**回放菜单 3** 中选择**用◯进行图像跳转**选项。

❷ 选择转动主拨盘◯时的图像跳转方式，然后点击 SET OK 图标确认。

高光警告

选择"高光警告"菜单中的"启用"选项，可以帮助用户发现所拍摄照片中曝光过度的区域，如果想要表现曝光过度区域的细节，就需要适当减少曝光。

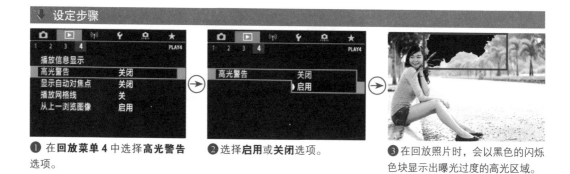

❶ 在**回放菜单4**中选择**高光警告**选项。

❷ 选择**启用**或**关闭**选项。

❸ 在回放照片时，会以黑色的闪烁色块显示出曝光过度的高光区域。

显示自动对焦点

启用"显示自动对焦点"功能，则播放照片时对焦点将以红色小框显示，这时如果发现焦点不在希望合焦的位置上，可以重新拍摄。

● 启用：选择此选项，对焦点将会在屏幕上以红色显示出来。

● 关闭：选择此选项，将不会在回放照片时显示对焦点。

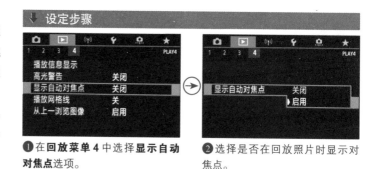

❶ 在**回放菜单4**中选择**显示自动对焦点**选项。

❷ 选择是否在回放照片时显示对焦点。

▶ 在微距摄影中，由于其景深很小，对对焦的准确性有较高的要求，因此在拍摄完成后，应查看对焦点的位置，以确保准确对焦。『焦距：100mm ┊光圈：F2.8 ┊快门速度：1/80s ┊感光度：ISO200 』

RAW 图像处理

在 Canon EOS 90D 相机中，可以用本机处理 **RAW** 和 **CRAW** 照片的亮度、白平衡、照片风格、图像画质等设置，并存储为 JPEG 格式。

设定步骤

❶ 在**回放菜单 2** 中选择 **RAW 图像处理**选项。

❷ 在此界面中可以选择一张图像还是多张图像进行编辑。

❸ 如果在步骤❷中选择了**选择图像**选项，将出现照片选择画面，此时可以左右滑动选择要编辑的照片。

❹ 点击 **SET** ✓ 图标以勾选要编辑的照片，然后点击 **OK** 图标确认。

❺ 选择**自定义 RAW 处理**选项。

❻ 选择要修改的选项并进入其设置界面。

❼ 在设置界面中，点击 ◄ 或 ► 图标选择所需的数值。

❽ 当修改完成后，点击 图标。

❾ 选择**确定**选项即可保存修改过的文件。

◄ 在旅拍时，便可以利用"RAW 图像处理"功能简单地对图像进行优化处理，然后通过 Wi-Fi 功能实时分享。『焦距：24mm ┊光圈：F11 ┊快门速度：1/3s ┊感光度：ISO200』

创意辅助

在 Canon EOS 90D 相机中，还可以利用相机的"创意辅助"菜单，为 RAW 照片调整画面色彩。用户可以在相机的预设滤镜效果中选择所需的模式，并且可以进一步调整亮度、反差、饱和度、色调及单色等设置，然后存储为 JPEG 格式。

❶ 在**回放菜单 2** 中选择**创意辅助**选项。

❷ 向左或向右滑动选择一张图像进行编辑，然后点击 SET 图标进入详细设置界面。

❸ 点击图标可以选择预设的滤镜模式，然后左右滑动上面的模式图标选择所需的模式选项。

❹ 左右滑动上面的模式图标选择所需的预设模式选项。

❺ 点击图标可以调整画面的亮度，滑动游标往更暗或更亮方向，以调整至合适的亮度。

❻ 点击图标可以调整画面的反差。

❼ 点击图标可以调整画面的饱和度，用户可以选择画面色彩是偏鲜艳还是中性。

❽ 点击图标可以在蓝色和琥珀之间调整画面的色调。

❾ 点击图标可以在洋红色和绿色之间调整画面的色调。

❿ 点击图标可以将画面调整为单色效果。当一切设定完成后，点击右上角的图标另存文件即可。

第3章 必须掌握的
基本曝光设置

调整光圈控制曝光与景深

光圈的结构

光圈是相机镜头内部的一个组件，它由许多金属薄片组成，金属薄片不是固定的，通过改变它的开启程度可以控制进入镜头光线的多少。光圈开得越大，通光量就越多；光圈开启得越小，通光量就越少。摄影师可以仔细观察镜头在选择不同光圈时叶片大小的变化。

高手点拨：虽然光圈数值是在相机上设置的，但其可调整的范围却是由镜头决定的，即镜头支持的最大及最小光圈，就是在相机上可以设置的上限和下限。镜头可支持的光圈越大，则在同一时间内就可以吸收更多的光线，从而允许我们在更暗的环境中进行拍摄——当然，光圈越大的镜头，其价格也越贵。

▲ 从镜头的底部可以看到镜头内部的光圈金属薄片

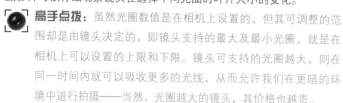

F2.8　　F5.6　　F11　　F22

▲ 光圈是控制相机通光量的装置，光圈越大（F2.8），通光量越多；光圈越小（F22），通光量越少

▲ 佳能 EF 16-35mm F2.8 L II USM

▲ 佳能 EF 85mm F1.2 L II USM

▲ 佳能 EF 28-300mm F3.5-5.6 L IS USM

在上面展示的 3 款镜头中，佳能 EF 85mm F1.2 L II USM 是定焦镜头，其最大光圈为 F1.2；佳能 EF 16-35mm F2.8 L II USM 为恒定光圈的变焦镜头，无论使用那一个焦段进行拍摄，其最大光圈都能够达到 F2.8；佳能 EF 28-300mm F3.5-5.6 L IS USM 是浮动光圈的变焦镜头，当使用镜头的广角端（28mm）拍摄时，最大光圈可以达到 F3.5，而当使用镜头的长焦端（300mm）拍摄时，最大光圈只能够达到 F5.6。

当然，上述 3 款镜头也均有最小光圈值，例如，佳能 EF 16-35mm F2.8 L II USM 的最小光圈为 F22，佳能 EF 28-300mm F3.5-5.6 L IS USM 的最小光圈与其最大光圈同样是一个浮动范围（F22~F38）。

▲ 设定方法

转动模式拨盘，选择 Av 挡光圈优先或 M 全手动曝光模式。在使用 Av 挡光圈优先曝光模式拍摄时，通过转动主拨盘來调整光圈；在使用 M 挡全手动曝光模式拍摄时，则通过转动速控转盘來调整光圈。

光圈值的表现形式

　　光圈值用字母 F 或 f 表示，如 F8（或 f/8）。常见的光圈值有 F1.4、F2、F2.8、F4、F5.6、F8、F11、F16、F22、F32、F36 等，光圈每递进一挡，光圈口径就会缩小一部分，通光量也随之减半。例如，F5.6 光圈的进光量是 F8 的两倍。

　　当前我们所见到的光圈数值还有 F1.2、F2.2、F2.5、F6.3 等，但这些数值不包含在光圈正级数之内，这是因为各镜头厂商都在每级光圈之间插入了 1/2（如 F1.2、F1.8、F2.5、F3.5 等）和 1/3（如 F1.1、F1.2、F1.6、F1.8、F2、F2.2、F2.5、F3.2、F3.5、F4.5、F5.0、F6.3、F7.1 等）变化的副级数光圈，以便更加精确地控制曝光程度，使画面的曝光更加准确。

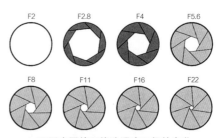

▲ 不同光圈值下镜头通光口径的变化

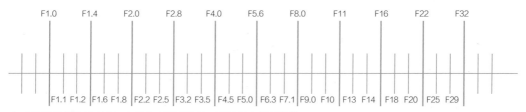

▲ 光圈级数刻度示意图，上排为光圈正级数，下排为光圈副级数

光圈对成像质量的影响

　　通常情况下，摄影师都会选择比镜头最大光圈小一至两挡的中等光圈，因为大多数镜头在中等光圈下的成像质量是最优秀的，照片的色彩和层次都能有更好的表现。例如，一只最大光圈为 F2.8 的镜头，其最佳成像光圈为 F5.6～F8。另外，也不能使用过小的光圈，因为过小的光圈会使光线在镜头中产生衍射效应，导致画面质量下降。

Q：什么是衍射效应？

　　A：衍射是指当光线穿过镜头光圈时，光在传播的过程中发生弯曲的现象。光线通过的孔隙越小，光的波长越长，这种现象就越明显。因此，在拍摄时光圈收得越小，在被记录的光线中衍射光所占的比例就越大，画面的细节损失就越多，画面就越不清楚。衍射效应对 APS-C 画幅数码相机和全画幅数码相机的影响程度稍有不同，通常 APS-C 画幅数码相机在光圈收小到 F11 时，就能发现衍射效应对画质产生了影响；而全画幅数码相机在光圈收小到 F16 时，才能够看到衍射效应对画质产生了影响。

▲ 使用镜头最佳光圈拍摄时，所得到的照片画质最理想。『焦距：18mm ┊ 光圈：F11 ┊ 快门速度：1/250s ┊ 感光度：ISO200』

EOS 90D

光圈对曝光的影响

如前所述，在其他参数不变的情况下，光圈增大一挡，则曝光量增加一倍，例如光圈从 F4 增大至 F2.8，即可增加一倍的曝光量；反之，光圈减小一挡，则曝光量也随之减少一半。换言之，光圈开得越大，通光量就越多，所拍摄出来的照片也越明亮；光圈开得越小，通光量就越少，所拍摄出来的照片越暗淡。

下面是一组在焦距为 35mm、快门速度为 1/20s、感光度为 ISO200 的特定参数下，只改变光圈值拍摄的照片。

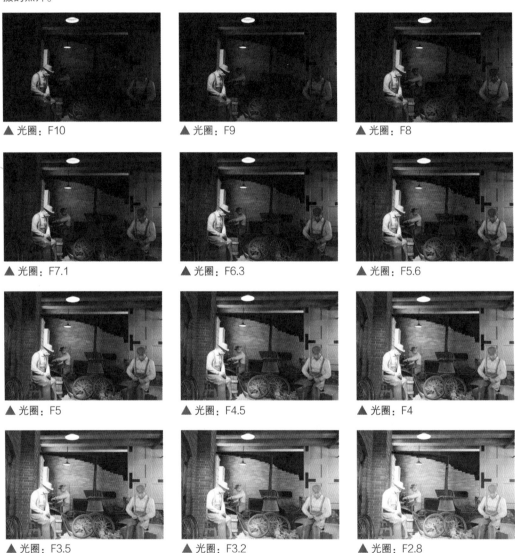

▲ 光圈：F10   ▲ 光圈：F9   ▲ 光圈：F8

▲ 光圈：F7.1   ▲ 光圈：F6.3   ▲ 光圈：F5.6

▲ 光圈：F5   ▲ 光圈：F4.5   ▲ 光圈：F4

▲ 光圈：F3.5   ▲ 光圈：F3.2   ▲ 光圈：F2.8

通过这一组照片可以看出，在其他曝光参数不变的情况下，随着光圈逐渐变大，进入镜头的光线不断增多，因此所拍摄出来的画面也逐渐变亮。

理解景深

简单来说，景深即指对焦位置前后的清晰范围。清晰范围越大，即表示景深越大；反之，清晰范围越小，即表示景深越小，画面的虚化效果就越好。

景深的大小与光圈、焦距及拍摄距离这3个要素密切相关。当拍摄者与被摄对象之间的距离非常近时，或者使用长焦距或大光圈拍摄时，都能得到对比强烈的背景虚化效果；反之，当拍摄者与被摄对象之间的距离较远，或者使用小光圈或较短焦距拍摄时，画面的虚化效果就会较差。

另外，被摄对象与背景之间的距离也是影响背景虚化的重要因素。例如，当被摄对象距离背景较近时，即使使用F1.8的大光圈也不能得到很好的背景虚化效果；但被摄对象距离背景较远时，即使使用F8的小光圈，也能获得较明显的虚化效果。

拍摄要素与景深的关系

景深大	远	相机与被摄对象之间的距离	近	景深小
	短	焦距	长	
	小	光圈	大	

由镜头决定的因素

Q：景深与对焦点的位置有什么关系？

A：景深是指照片中某个景物清晰的范围。即当摄影师将镜头对焦于某个点并拍摄后，在照片中与该点处于同一平面的景物都是清晰的，而位于该点前方和后方的景物则由于没有对焦，因此都是模糊的。但由于人眼不能精确地辨别焦点前方和后方出现的轻微模糊，因此这部分图像看上去仍然是清晰的，这种清晰会一直在照片中向前、向后延伸，直至景物看上去变得模糊到不可接受，而这个可接受的清晰范围，就是景深。

Q：什么是焦平面？

A：如前所述，当摄影师将镜头对焦于某个点拍摄时，在照片中与该点处于同一平面的景物都是清晰的，而位于该点前方和后方的景物则都是模糊的，这个清晰的平面就是成像焦平面。如果摄影师的相机位置不变，当被摄对象在可视区域内向焦平面做水平运动时，成像始终是清晰的；但如果其向前或向后移动，则由于脱离了成像焦平面，因此会出现一定程度的模糊，景物模糊的程度与其距焦平面的距离成正比。

▲ 对焦点在中间的财神爷玩偶上，但由于另外两个玩偶与其在同一个焦平面上，因此3个玩偶均是清晰的

▲ 对焦点仍然在中间的财神爷玩偶上，但由于另外两个玩偶与其不在同一个焦平面上，因此另外两个玩偶是模糊的

EOS 90D

光圈对景深的影响

光圈是控制景深（背景虚化程度）的重要因素。即在相机焦距不变的情况下，光圈越大，景深越小；反之，光圈越小，景深就越大。如果在拍摄时想通过控制景深来使自己的作品更有艺术效果，就要学会合理使用大光圈和小光圈。

在包括 Canon EOS 90D 在内的所有数码单反相机中，都有光圈优先曝光模式，配合上面的理论，通过调整光圈数值的大小，即可拍摄不同的对象或表现不同的主题。例如，大光圈主要用于人像摄影、微距摄影，通过虚化背景来突出主体；小光圈主要用于风景摄影、建筑摄影、纪实摄影等，以便使画面中的所有景物都能清晰呈现。

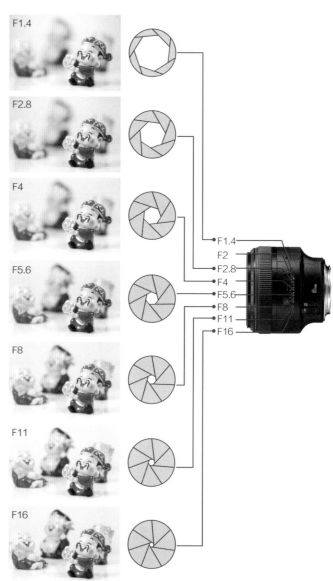

▲ 从示例图可以看出，当光圈从 F1.4 逐渐缩小到 F16 时，画面的景深逐渐变大，画面背景处的玩偶就越清晰

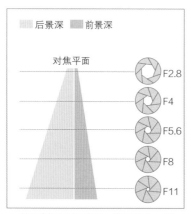

▲ 从示例图可以看出，光圈越大，前、后景深越小；光圈越小，前、后景深越大，其中，后景深又是前景深的两倍

焦距对景深的影响

在其他条件不变的情况下，拍摄时所使用的焦距越长，则画面的景深越小，可以得到更强烈的虚化效果；反之，焦距越短，则画面的景深越大，越容易呈现前后都清晰的画面效果。

▲ 通过使用从广角到长焦的焦距拍摄的花卉照片对比可以看出，焦距越长，画面的景深越小，则主体越清晰

高手点拨：焦距越短，视角越广，其透视变形也越严重，而且越靠近画面边缘，变形就越严重，因此在构图时要特别注意这一点。尤其在拍摄人像时，要尽可能将肢体置于画面的中间位置，特别是人物的面部，以免发生变形而影响美观。另外，对于定焦镜头来说，我们只能通过前后的移动来改变相对的"焦距"，即画面的取景范围，拍摄者越靠近被摄对象，就相当于使用了更长的焦距，此时同样可以得到更小的景深。

拍摄距离对景深的影响

在其他条件不变的情况下，拍摄者与被摄对象之间的距离越近，越容易得到小景深的虚化效果；反之，如果拍摄者与被摄对象之间的距离较远，则不容易得到虚化效果。

这一点在使用微距镜头拍摄时体现得更为明显，当镜头离被摄体很近的时候，画面中的清晰范围就变得非常小。因此，在人像摄影中，为了获得较小的景深，经常采取靠近被摄者拍摄的方法。

下面为一组在所有拍摄参数都不变的情况下，只改变镜头与被摄对象之间的距离时拍摄得到的照片。

通过左侧展示的一组照片可以看出，当镜头距离前景位置的玩偶越远时，其背景的模糊效果也越差。

背景与被摄对象的距离对景深的影响

在其他条件不变的情况下，画面中的背景与被摄对象的距离越远，则越容易得到小景深的虚化效果；反之，如果画面中的背景与被摄对象位于同一个焦平面上，或者非常靠近，则不容易得到虚化效果。

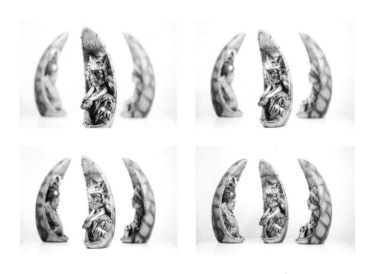

左图所示为在所有拍摄参数都不变的情况下，只改变被摄对象距离背景的远近拍出的照片。

通过左侧展示的一组照片可以看出，在镜头位置不变的情况下，随着前面的木偶距离背景的两个木偶越来越近，背景的木偶虚化程度也越来越低。

设置快门速度控制曝光时间

快门与快门速度的含义

简单来说,快门的作用就是控制曝光时间的长短。在按下快门按钮时,从快门前帘开始移动到后帘结束所用的时间就是快门速度,这段时间实际上也就是相机感光元件的曝光时间。所以快门速度决定曝光时间的长短,快门速度越快,曝光时间就越短,曝光量也越少;快门速度越慢,曝光时间就越长,曝光量也越多。

快门速度的表示方法

快门速度以秒为单位,一般入门级及中端微单相机的快门速度范围为 1/4000~30s,而专业或准专业相机的最高快门速度则达到了 1/8000s,可以满足更多题材和场景的拍摄要求。作为佳能中端 APS-C 画幅的 Canon EOS 90D 最高的快门速度为 1/8000s。

常用的快门速度有 30s、15s、8s、4s、2s、1s、1/2s、1/4s、1/8s、1/15s、1/30s、1/60s、1/125s、1/250s、1/500s、1/1000s、1/4000s 等。

▲ Canon EOS 90D 相机的快门机构

▲ 设定方法

转动模式转盘选择 M 全手动或 Tv 快门优先曝光模式。在使用 M 挡或 Tv 挡拍摄时,直接向左或向右转动主拨盘 ⌒⌒,即可调整快门速度数值。

▲ 利用高速快门将起飞的鸟儿定格住,拍摄出很有动感效果的画面。『焦距:400mm ┆ 光圈:F6.3 ┆ 快门速度:1/500s ┆ 感光度:ISO400』

快门速度对曝光的影响

如前面所述，快门速度的快慢决定了曝光量的多少，在其他条件不变的情况下，快门速度每变化一倍，曝光量也会变化一倍。例如，当快门速度由 1/125s 变为 1/60s 时，由于快门速度慢了一半，曝光时间增加了一倍，因此总的曝光量也随之增加了一倍。从下面展示的一组照片中可以发现，在光圈与 ISO 感光度数值不变的情况下，快门速度越慢，则曝光时间越长，画面感光就越充分，所以画面也越亮。

下面是一组在焦距为 100mm、光圈为 F5、感光度为 ISO100 的特定参数下，只改变快门速度拍摄的照片。

▲ 快门速度：1/125s

▲ 快门速度：1/100s

▲ 快门速度：1/80s

▲ 快门速度：1/60s

▲ 快门速度：1/40s

▲ 快门速度：1/30s

▲ 快门速度：1/25s

▲ 快门速度：1/20s

通过这一组照片可以看出，在其他曝光参数不变的情况下，随着快门速度逐渐变慢，进入镜头的光线不断增多，因此所拍摄出来的画面也逐渐变亮。

影响快门速度的三大要素

影响快门速度的要素包括光圈、感光度及曝光补偿，它们对快门速度的具体影响如下：

● 感光度：感光度每增加一倍（例如从 ISO100 增加到 ISO200），感光元件对光线的敏锐度会随之增加一倍，同时，快门速度会随之提高一倍。

● 光圈：光圈每提高一挡（如从 F4 增加到 F2.8），快门速度可以提高一倍。

● 曝光补偿：曝光补偿数值每增加 1 挡，由于需要更长时间的曝光来提亮照片，因此快门速度将降低一半；反之，曝光补偿数值每降低 1 挡，由于照片不需要更多的曝光，因此快门速度可以提高一倍。

快门速度对画面效果的影响

快门速度不仅影响相机进光量，还会影响画面的动感效果。当表现静止的景物时，快门的快慢对画面不会有什么影响，除非摄影师在拍摄时有意摆动镜头；但当表现动态的景物时，不同的快门速度能够营造出不一样的画面效果。

右侧照片是在焦距、感光度都不变的情况下，将快门速度依次调慢所拍摄的。

对比这一组照片，可以看到当快门速度较快时，水流被定格成相对清晰的影像，但当快门速度逐渐降低时，流动的水流在画面中渐渐产生模糊的效果。

由上述可见，如果希望在画面中凝固运动着的拍摄对象的精彩瞬间，应该使用高速快门。拍摄对象的运动速度越高，采用的快门速度也要越快，以便在画面中凝固运动对象，形成一种时间突然停滞的静止效果。

如果希望在画面中表现运动着的拍摄对象的动态模糊效果，可以使用低速快门，以使其在画面中形成动态模糊效果，能够较好地表现出生动的效果。按此方法拍摄流水、夜间的车流轨迹、风中摇摆的植物、流动的人群等，均能够得到画面效果流畅、生动的照片。

▲ 光圈：F2.8 快门速度：1/80s 感光度：ISO50

▲ 光圈：F9 快门速度：1/8s 感光度：ISO50

▲ 光圈：F14 快门速度：1/3s 感光度：ISO50

▲ 光圈：F20 快门速度：0.8s 感光度：ISO50

▲ 光圈：F22 快门速度：1s 感光度：ISO50

▲ 光圈：F25 快门速度：1.3s 感光度：ISO50

▲ 采用高速快门定格住跳跃在空中的女孩。『焦距：70mm ┊光圈：F4 ┊快门速度：1/500s ┊感光度：ISO200』

▲ 采用低速快门记录夜间的车流轨迹。『焦距：24mm ┊光圈：F16 ┊快门速度：20s ┊感光度：ISO100』

依据对象的运动情况设置快门速度

在设置快门速度时，应综合考虑被摄对象的运动速度、运动方向，以及摄影师与被摄对象之间的距离这3个基本要素。

被拍摄对象的运动速度

不同的照片表现形式，拍摄时所需要的快门速度也不尽相同。例如抓拍物体运动的瞬间，需要使用较高的快门速度；而如果是跟踪拍摄，对快门速度的要求就比较低了。

▲ 站着的狗处于静止状态，因此无须太高的快门速度。『焦距：35mm ┊ 光圈：F2.8 ┊ 快门速度：1/200s ┊ 感光度：ISO100』

▲ 奔跑中的狗的运动速度很快，因此需要较高的快门速度才能将其清晰地定格在画面中。『焦距：200mm ┊ 光圈：F6.3 ┊ 快门速度：1/1000s ┊ 感光度：ISO320』

被拍摄对象的运动方向

如果从运动对象的正面拍摄（通常是角度较小的斜侧面），能够表现出对象从小变大的运动过程，这样需要的快门速度通常要低于从侧面拍摄；只有从侧面拍摄才会感受到被拍摄对象真正的速度，拍摄时需要的快门速度也就更高。

▶ 从正面或斜侧面角度拍摄运动对象时，速度感不强。『焦距：70mm ┊ 光圈：F3.2 ┊ 快门速度：1/1000s ┊ 感光度：ISO400』

▲ 从侧面拍摄运动对象时，速度感很强。『焦距：40mm ┊ 光圈：F2.8 ┊ 快门速度：1/1250s ┊ 感光度：ISO400』

摄影师与被摄对象之间的距离

无论是身体靠近运动对象，还是使用镜头的长焦端，只要画面中运动对象越大、越具体，拍摄对象的运动速度就相对越高，拍摄时需要不停地移动相机。略有不同的是，如果是身体靠近运动对象，则需要较大幅度地移动相机；而使用镜头的长焦端，只要小幅度地移动相机，就能够保证被摄对象一直处于画面之中。

从另一个角度来说，如果将视角变得更广阔一些，就不用为了将运动对象融入画面中而费力地紧跟被摄对象，比如使用镜头的广角端拍摄，就更容易抓拍到被摄对象运动的瞬间。

▲ 使用广角镜头抓拍到的现场整体气氛。『焦距：28mm ┊光圈：F9 ┊快门速度：1/640s ┊感光度：ISO200』

▶ 长焦镜头注重表现单个主体，对瞬间的表现更加明显。『焦距：400mm ┊光圈：F7.1 ┊快门速度：1/640s ┊感光度：ISO200』

常见快门速度的适用拍摄对象

以下是一些常见快门速度的适用拍摄对象，虽然在拍摄时并非一定要用快门优先曝光模式，但先对一般情况有所了解才能找到最适合表现不同拍摄对象的快门速度。

快门速度（秒）	适用范围
B门	适合拍摄夜景、闪电、车流等。其优点是摄影师可以自行控制曝光时间，缺点是如果不知道当前场景需要多长时间才能正常曝光时，容易出现曝光过度或不足的情况，此时需要摄影师多做尝试，直至得到满意的效果
1~30	在拍摄夕阳、天空仅有少量微光的日落后及日出前后时，都可以使用光圈优先曝光模式或手动曝光模式进行拍摄，很多优秀的夕阳作品都诞生于这个曝光区间。使用1~5s的快门速度，也能够将瀑布或溪流拍摄出如同丝绸一般的梦幻效果
1 和 1/2	适合在昏暗的光线下，使用较小的光圈获得足够的景深，通常用于拍摄稳定的对象，如建筑、城市夜景等
1/15~1/4	1/4s的快门速度可以作为拍摄夜景人像时的最低快门速度。该快门速度区间也适合拍摄一些光线较强的夜景，如明亮的步行街和光线较好的室内
1/30	在使用标准镜头或广角镜头拍摄风光、建筑室内时，该快门速度可以视为拍摄时最低的快门速度
1/60	对于标准镜头而言，该快门速度可以保证在各种场合进行拍摄
1/125	这一挡快门速度非常适合在户外阳光明媚时使用，同时也能够拍摄运动幅度较小的物体，如走动中的人
1/250	适合拍摄中等运动速度的拍摄对象，如游泳运动员、跑步中的人或棒球活动等
1/500	该快门速度已经可以抓拍一些运动速度较快的对象，如行驶的汽车、快速跑动中的运动员、奔跑的马等
1/1000~1/4000	该快门速度区间已经可以用于拍摄一些极速运动的对象，如赛车、飞机、足球运动员、飞鸟及瀑布飞溅出的水花等

安全快门速度

简单来说，安全快门是指人在手持拍摄时能保证画面清晰的最低快门速度。这个快门速度与镜头的焦距有很大关系，即手持相机拍摄时，快门速度应不低于焦距的倒数。比如相机焦距为 70mm，拍摄时的快门速度应不低于 1/80s。这是因为人在手持相机拍摄时，即使被拍摄对象待在原处纹丝未动，也会因为拍摄者本身的抖动而导致画面模糊。

由于 Canon EOS 90D 是 APS-C 画幅相机，因此在换算时还要将焦距转换系统考虑在内，即如果以 200mm 焦距进行拍摄，其快门速度不应该低于 200×1.6 所得数值的倒数，即 1/320s。

▼ 虽然是拍摄静态的玩偶，但由于光线较弱，致使快门速度低于安全快门速度，所以拍摄出来的玩偶是比较模糊的。『焦距：100mm ┊光圈：F2.8 ┊快门速度：1/50s ┊感光度：ISO200』

▲ 拍摄时提高了感光度数值，因此能够使用更高的快门速度，从而确保拍出来的照片很清晰。『焦距：100mm ┊光圈：F2.8 ┊快门速度：1/160s ┊感光度：ISO800』

防抖技术对快门速度的影响

佳能的防抖系统全称为 IMAGE STABILIZER，简写为 IS，作为目前最新的防抖技术可保证在使用低于安全快门 4 倍的快门速度拍摄时也能获得清晰的影像。但要注意的是，防抖系统只是提供了一种校正功能，在使用时还要注意以下几点：

▲ 有防抖标志的佳能镜头

● 防抖系统成功校正抖动是有一定概率的，这还与个人的手持能力有很大关系。通常情况下，使用低于安全快门 2 倍以内的快门速度拍摄时，成功校正的概率会比较高。

● 当快门速度高于安全快门 1 倍以上时，建议关闭防抖系统，否则防抖系统的校正功能可能会影响原本清晰的画面，导致画质下降。

● 在使用三脚架保持相机稳定时，建议关闭防抖系统。因为在使用三脚架时，不存在手抖的问题，而开启了防抖功能后，其微小的震动反而会造成图像质量下降。值得一提的是，很多防抖镜头同时还带有三脚架检测功能，即它可以检测到三脚架细微震动造成的抖动并进行补偿，因此，在使用这种镜头拍摄时，则不应关闭防抖功能。

EOS 90D

Q：IS 功能是否能够代替较高的快门速度？

A：虽然在弱光条件下拍摄时，具有 IS 功能的镜头允许摄影师使用更低的快门速度，但实际上 IS 功能并不能代替较高的快门速度。要想得到出色的高清晰度照片，仍然需要用较高的快门速度来捕捉瞬间的动作。不管 IS 功能有多么强大，只有使用高速快门才能够清晰捕捉到快速移动的被摄对象，这一原则是不会改变的。

防抖技术的应用

虽然防抖技术会对照片的画质产生一定的负面影响，但是在拍摄光线较弱时，为了得到清晰的画面，它又是必不可少的。例如，在拍摄动物时常常会使用 400mm 的长焦镜头，这就要求相机的快门速度必须保持在 1/400s 的安全快门速度以上，光线略有不足就很容易把照片拍虚，这时使用防抖功能几乎就成了唯一的选择。

▲ 利用长焦镜头拍摄动物时，为了得到清晰的画面，开启了镜头的防抖功能，即使放大查看，动物的毛发仍然很清晰。『焦距：400mm ┆ 光圈：F6.3 ┆ 快门速度：1/250s ┆ 感光度：ISO400 』

长时间曝光降噪功能

曝光的时间越长，产生的噪点就越多，此时，可以启用长时间曝光降噪功能来消减画面中的噪点。

● 关闭：选择此选项，相机在任何情况下都不执行长时间曝光降噪功能。

● 自动：选择此选项，当曝光时间超过1秒，且相机检测到噪点时，将自动执行降噪处理。此设置在大多数情况下有效。

● 启用：选择此选项，在曝光时间超过1秒时立即进行降噪处理，此功能适用于选择"自动"选项时无法自动执行降噪处理的情况。

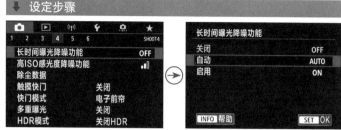
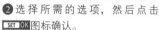

❶ 在**拍摄菜单4**中选择**长时间曝光降噪功能**选项。

❷ 选择所需的选项，然后点击 SET OK 图标确认。

 高手点拨：降噪处理需要时间，而这个时间可能与拍摄时间相同。在将"长时间曝光降噪功能"设置为"启用"时，若使用实时显示模式进行长时间曝光拍摄，那么在降噪处理过程中画面将显示"BUSY"，直到降噪完成，在这期间将无法继续拍摄照片。因此，通常情况下建议将它关闭，在需要进行长时间曝光拍摄时再开启。

▲ 上图是未设置长时间曝光降噪功能时的局部画面，下图是启用了该功能后的局部画面，画面中的杂色及噪点都明显减少，但同时也损失了一定的细节

▲ 通过长达30s的曝光拍摄到的照片。『焦距：21mm ┊光圈：F14 ┊快门速度：30s ┊感光度：ISO100』

设置 ISO 控制照片品质

理解感光度

　　数码相机的感光度概念是从传统胶片的感光度引入的，用于表示感光元件对光线的敏锐程度，即在相同条件下，相机的感光度越高，获得光线的数量也就越多。但要注意的是，感光度越高，画面产生的噪点就越多，而低感光度画面则清晰、细腻，细节表现较好。

　　Canon EOS 90D 在感光度的控制方面较为优秀。其常用感光度范围为 ISO100~ISO25600，并可以扩展至 H（相当于 ISO51200）。在光线充足的情况下，使用 ISO100 拍摄即可。

　　对于 Canon EOS 90D 来说，当感光度数值在 ISO1600 以下时，均能获得出色的画质；当感光度数值在 ISO1600~ISO5000 之间时，画质比低感光度时略有降低，但仍可以用良好来形容；当感光度数值增至 ISO6400 及以上时，画面的细节流失增多了，已经出现明显的噪点，尤其在弱光环境下表现得更为明显；当感光度增至 ISO25600 时，画面中的噪点和色散已经变得很严重。因此，除非必要，一般不建议使用 ISO1600 以上的感光度数值。

▲ 设定方法

按相机顶面的 **ISO** 按钮，然后转动主拨盘 或速控转盘 即可调节 ISO 感光度的数值。

感光度的设置原则

　　感光度除了会对曝光产生影响外，对画质也有着极大的影响，即感光度越低，画面就越细腻；反之，感光度越高，就越容易产生噪点、杂色，画质就越差。

　　在条件允许的情况下，建议采用 Canon EOS 90D 基础感光度中的最低值，即 ISO100，这样可以最大限度地保证照片得到较高的画质。

　　需要特别指出的是，使用相同的 ISO 感光度分别在光线充足与不足的环境中拍摄时，在光线不足环境中拍摄的照片会产生更多的噪点，如果此时再使用较长的曝光时间，那么就更容易产生噪点。因此，在弱光环境中拍摄时，更需要设置低感光度，并配合使用"高 ISO 感光度降噪功能"和"长时间曝光降噪功能"来获得较高的画质。

　　当然，低感光度的设置可能会导致快门速度很低，在手持拍摄时很容易由于手的抖动而导致画面模糊。此时，应该果断地提高感光度，即首先保证能够成功完成拍摄，然后再考虑高感光度给画质带来的损失。因为画质损失可通过后期处理来弥补，而画面模糊则意味着拍摄失败，后期是无法补救的。

ISO 数值与画质的关系

对于 Canon EOS 90D 而言，使用 ISO1600 以下的感光度拍摄时，均能获得优秀的画质；在使用 ISO1600~ISO5000 之间的感光度拍摄时，虽然画质要比在低感光度时略有降低，但是可以接受。

如果从实用角度来看，使用 ISO1600 和 ISO5000 拍摄的照片细节完整、色彩生动，只要不是放大到很大倍数查看，和使用较低感光度拍摄的照片并无明显区别。但是对于一些对画质要求较为苛求的用户来说，ISO1600 是 Canon EOS 90D 能保证较好画质的最高感光度。使用高于 ISO1600 的感光度拍摄时，虽然照片整体上依旧没有过多杂色，但是细节上的缺失通过大屏幕显示器观看时就能感觉到，所以除非处于极端环境中，否则不推荐使用。

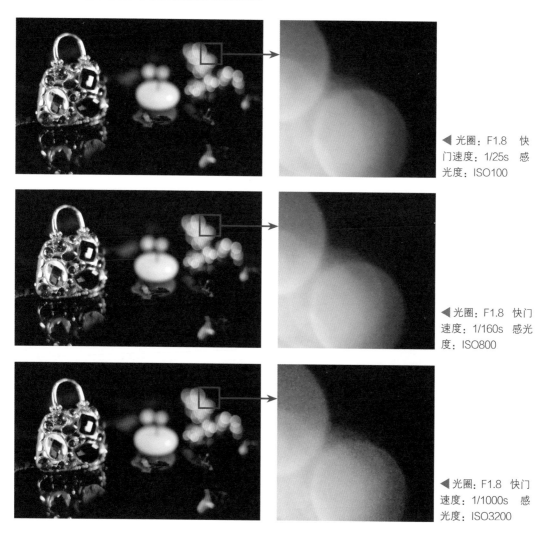

◀光圈：F1.8 快门速度：1/25s 感光度：ISO100

◀光圈：F1.8 快门速度：1/160s 感光度：ISO800

◀光圈：F1.8 快门速度：1/1000s 感光度：ISO3200

从这一组照片中可以看出，在光圈优先曝光模式下，当 ISO 感光度数值发生变化时，快门速度也发生了变化，因此照片的整体曝光量并没有改变。但仔细观察细节可以看出，照片的画质随着 ISO 数值的增大而逐渐变差。

感光度对曝光效果的影响

作为控制曝光的三大要素之一，在其他条件不变的情况下，感光度每增加一挡，感光元件对光线的敏锐度会随之提高一倍，即增加一倍的曝光量；反之，感光度每减少一挡，则减少一半的曝光量。

更直观地说，感光度的变化直接影响光圈或快门速度的设置，以 F5.6、1/200s、ISO400 的曝光组合为例，在保证被摄体正确曝光的前提下，如果要改变快门速度并使光圈数值保持不变，可以通过提高或降低感光度来实现，快门速度提高一倍（变为 1/400s），则可以将感光度提高一倍（变为 ISO800）；如果要改变光圈值而保证快门速度不变，同样可以通过调整感光度数值来实现，例如要增加两挡光圈（变为 F2.8），则可以将 ISO 感光度数值降低两挡（变为 ISO100）。

下面是一组在焦距为 50mm、光圈为 F7.1、快门速度为 1/30s 的特定参数下，只改变感光度拍摄的照片。

从这一组照片中可以看出，当其他曝光参数不变时，ISO 感光度的数值越大，由于感光元件对光线变得更加敏感，因此所拍摄出来的照片也就越明亮。

ISO 感光度设置

Canon EOS 90D 将 ISO 感光度的主要功能集中在了"ISO 感光度设置"菜单中，可以在其中选择 ISO 感光度的具体数值、设置静止图像的可用 ISO 感光度范围、设置自动 ISO 感光度的范围以及使用自动 ISO 感光度时的最低快门速度等参数。

设定步骤

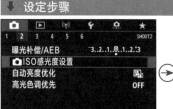

❶ 在**拍摄菜单 2** 中选择 **ISO 感光度设置** 选项。

在拍摄静止图像时，画质的好坏对于画面十分重要。鉴于每个摄影师能够接受的画质优劣程度不一致，因此 Canon EOS 90D 提供了"ISO 感光度范围"选项。

在"ISO 感光度范围"选项中，摄影师可以对常用感光度的范围进行设置。比如最大程度能够接受 ISO3200 拍摄的效果，那么就可以将最小感光度设置为 ISO100，最大感光度设置为 ISO3200。

当 ISO 感光度选择为"AUTO"选项时，可以利用"自动范围"选项，在 ISO100~ISO25600 的范围内设定感光度。在低光照条件下，为了避免快门速度过慢，可以将最大 ISO 感光度设得高一些，如 ISO6400。

当使用自动感光度时，可以设定一个快门速度的最低数值，当快门速度低于此数值时，相机将自动提高感光度数值；反之，则使用"自动范围"中设置的最小感光度数值进行拍摄。

❷ 选择 **ISO 感光度** 选项。

❹ 如果在步骤❷中选择 **ISO 感光度范围** 选项。

❻ 如果在步骤❷中选择 **自动范围** 选项。

❽ 如果在步骤❷中选择 **最低快门速度** 选项。

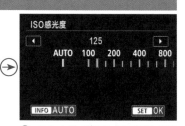

❸ 点击◀或▶图标选择不同的 ISO 感光度数值，点击 SET OK 图标确定。

❺ 选择 **最小** 或 **最大** 选项，然后点击▲或▼图标选择 ISO 感光度的数值，设置完成后选择 **确定** 选项。

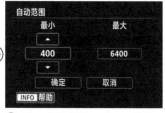

❼ 选择 **最小** 或 **最大** 选项，然后点击▲或▼图标选择 ISO 感光度的数值，设置完成后选择 **确定** 选项。

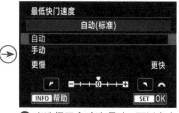

❾ 当选择了 **自动** 选项时，可以点击 ◀ 或 ▶ 图标选择自动最低快门速度的快与慢，当选择了 **手动** 选项时，则可以点击选择一个快门速度值。

高 ISO 感光度降噪功能

利用高 ISO 感光度降噪功能能够有效地减少图像的噪点，在使用高 ISO 感光度拍摄时的效果尤其明显，而且即使是使用较低 ISO 感光度拍摄，也会使图像阴影区域的噪点有所减少。

在"高 ISO 感光度降噪功能"菜单中共有 5 个选项，可以根据噪点的多少来选择其设置。需要特别指出的是，与应用"强"时相比，使用"多张拍摄降噪"能够在保持更高图像画质的情况下进行降噪，其原理是连续拍摄四张照片并将其自动合并成一幅 JPEG 格式的照片。

另外，当将"高 ISO 感光度降噪功能"设置为"强"时，相机的连拍数量将减少。

● 关闭：选择此选项，则不执行高 ISO 感光度降噪功能，适合用 RAW 格式保存照片的情况。

● 弱：选择此选项，则降噪幅度较弱，适合直接用 JPEG 格式拍摄且对照片不做调整的情况。

● 标准：选择此选项，则执行标准降噪幅度，照片的画质会略受影响，适合用 JPEG 格式保存照片的情况。

● 强：选择此选项，则降噪幅度较大，适合弱光拍摄的情况。

● 多张拍摄降噪：如果拍摄的是单张照片，在选择此选项后，相机会连续拍摄四张照片，并将其自动合成为一幅 JPEG 图像，以确保图像的噪点最少。当图像画质被设为 RAW 或 RAW+JPEG 时，此选项不可选。

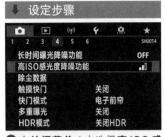

❶ 在**拍摄菜单 4** 中选择**高 ISO 感光度降噪功能**选项。

❷ 选择不同的选项，然后点击 SET OK 图标确定。

▲ 上图是未启用"高 ISO 感光度降噪"功能拍摄的画面，下图为启用此功能后拍摄的画面，对比两张图可以看出，降噪后的照片噪点明显减少，但同时也损失了一定的细节

曝光四因素之间的关系

影响曝光的因素有4个：①照明的亮度（Light Value），简称LV，大部分照片是以阳光为光源进行拍摄的，但我们无法控制阳光的亮度；②感光度，即ISO值，ISO值越高，相机所需的曝光量越少；③光圈，更大的光圈能让更多的光线通过；④曝光时间，也就是所谓的快门速度。下图为4个因素之间的联系。

影响曝光的这4个因素是一个互相牵引的四角关系，改变任何一个因素，均会对另外3个造成影响。例如最直接的对应关系是"亮度一感光度"，当在较暗的环境中（亮度较低）拍摄时，就要使用较高的感光度值，以增加相机感光元件对光线的敏感度，来得到曝光正常的画面。另一个直接的影响是"光圈一快门"，当用大光圈拍摄时，进入相机镜头的光量变多，因而快门速度便要提高，以避免照片过曝；反之，当缩小光圈时，进入相机镜头的光量变少，快门速度就要相应地变低，以避免照片欠曝。

下面进一步解释这四者的关系。

① 当光线较为明亮时，相机感光充分，因而可以使用较低的感光度、较高的快门速度或小光圈拍摄；

② 当使用高感光度拍摄时，相机对光线的敏感度增加，因此也可以使用较高的快门速度、较小光圈拍摄；

③ 当降低快门速度做长时间曝光时，则可以通过缩小光圈、使用较低的感光度，或者加中灰镜来得到正确的曝光。

当然，在现场光环境中拍摄时，画面的亮度很难做出改变，虽然可以用中灰镜降低亮度，或提高感光度来增加亮度，但是依然会带来一定的画质影响。因此，摄影师通常会先考虑调整光圈和快门速度，当调整光圈和快门速度都无法得到满意的效果时，才会调整感光度数值，最后考虑安装中灰镜或增加灯光给画面补光。

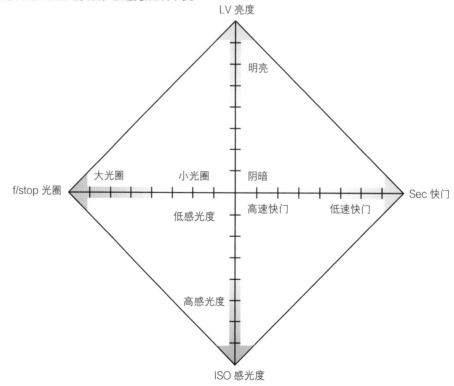

设置白平衡控制画面色彩

理解白平衡存在的重要性

无论是在室外的阳光下，还是在室内的白炽灯光下，人眼都能将白色视为白色，将红色视为红色，这是因为肉眼能够自动修正光源变化造成的着色差异。实际上，当光源改变时，作为这些光源的反射而被捕获的颜色也会发生变化，相机会精确地将这些变化记录在照片中，这样的照片在校正之前看上去是偏色的。

数码相机具有的"白平衡"功能，可以校正不同光源下色彩的变化，就像人眼的功能一样，使偏色的照片得到校正。

值得一提的是，在实际应用时，我们也可以尝试使用"错误"的白平衡设置，从而获得特殊的画面色彩。例如，在拍摄夕阳时，如果使用荧光灯白平衡或阴影白平衡，则可以得到冷暖对比或带有强烈暖调色彩的画面，这也是白平衡的一种特殊应用方式。

Canon EOS 90D 相机共提供了 3 类白平衡设置，即预设白平衡、手调色温及自定义白平衡，下面分别讲解它们的作用。

预设白平衡

除了自动白平衡外，Canon EOS 90D 相机还提供了日光、阴影、阴天、钨丝灯、白色荧光灯及闪光灯 6 种预设白平衡，它们分别适用于一些常见的典型环境，选择这些预设的白平衡可以快速获得需要的设置。

以下是使用不同预设白平衡拍摄同一场景时得到的照片。

◀ 设定方法
按Q按钮显示速控屏幕，使用方向键选择白平衡选项，然后转动主拨盘或速控转盘选择所需的白平衡模式。

▲ 日光白平衡

▲ 阴影白平衡

▲ 阴天白平衡

▲ 钨丝灯白平衡

▲ 白色荧光灯白平衡

▲ 闪光灯白平衡

灵活运用两种自动白平衡

Canon EOS 90D 相机提供了两种自动白平衡模式，其中"自动：氛围优先"自动白平衡模式能够较好地表现出钨丝灯下拍摄的效果，即在照片中保留灯光下的红色色调，从而拍出具有温暖氛围的照片；而"自动：白色优先"自动白平衡模式可以抑制灯光中的红色，准确地再现白色。

另外，还要注意的是，"自动：氛围优先"与"自动：白色优先"这两种自动白平衡模式的不同只有在色温较低的场景中才能表现出来，在其他条件下，使用两种自动白平衡模式拍摄出来的照片效果是一样的。

❶ 在**拍摄菜单3**中选择**白平衡**选项。

❷ 选择自动白平衡选项，然后点击 图标。

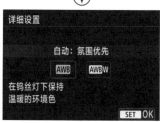

❸ 选择**自动：氛围优先**或**自动：白色优先**选项，然后点击 图标确认。

▲ 选择"自动：白色优先"自动白平衡模式可以抑制灯光中的红色，拍摄出来的照片中模特的皮肤会显得更白皙、好看一些。『焦距：85mm ┊光圈：F3.2 ┊快门速度：1/40s ┊感光度：ISO400』

◀ 使用"自动：氛围优先"自动白平衡模式拍摄出来的照片暖色调更明显一些。『焦距：85mm ┊光圈：F2.8 ┊快门速度：1/50s ┊感光度：ISO400』

什么是色温

在摄影领域，色温用于说明光源的成分，单位为"K"。例如，日出日落时光的颜色为橙红色，这时色温较低，大约为3200K；太阳升高后，光的颜色为白色，这时色温高，大约为5400K；阴天的色温还要高一些，大约为6000K。色温值越大，则光源中所含的蓝色光越多；反之，当色温值越小，则光源中所含的红色光越多。下图为常见场景的色温值。

低色温的光趋于红、黄色调，其能量分布中红色调较多，因此又通常被称为"暖光"；高色温的光趋于蓝色调，其能量分布较集中，也被称为"冷光"。通常在日落之时，光线的色温较低，因此拍摄出来的画面偏暖，适合表现夕阳静谧、温馨的感觉，为了加强这样的画面效果，可以叠加使用暖色滤镜，或是将白平衡设置成阴天模式。晴天、中午时分的光线色温较高，拍摄出来的画面偏冷，通常这时空气的能见度也较高，可以很好地表现大景深的场景。另外，冷色调的画面还可以很好地表现出冷清的感觉，在视觉上给人开阔的感觉。

蓝天、白雪约10000K

雨天/阴天约7000K

正午晴天约5000K

下午阳光约4500K

室内灯光约3400K

烛光约1800K

9000K

8000K

7000K

6000K

5000K

4000K

3000K

2000K

1000K

户外阴影约7500K

阴天约6500K

闪光灯约5500K

夕阳约3800K

家用电灯约2800K

手调色温

为了应对复杂光线环境下的拍摄需要，Canon EOS 90D 在色温调整白平衡模式下提供了 2500~10000K 的色温调整范围，最小的调整幅度为 100K，用户可根据实际色温进行精确调整。

预设白平衡模式涵盖的色温范围比手调色温白平衡模式可调整的范围要小一些，因此当需要一些比较极端的效果时，预设白平衡模式就显得有些力不从心，此时就可以进行手动调整。

在通常情况下，使用自动白平衡模式就可以获得不错的色彩效果。但在特殊光线条件下，使用自动白平衡模式有时可能无法得到准确的色彩还原，此时，应根据光线条件选择其他合适的白平衡模式。实际上，每一种预设白平衡也对应着一个色温值，以下是不同预设白平衡模式所对应的色温值。

⓵ 在**拍摄菜单 3** 中选择**白平衡**选项。

⓶ 选择**色温**选项，然后点击 或 图标选择色温值，选择好后点击 图标确认。

显 示	白平衡模式	色 温（K）
AWB	自动（氛围优先）	3000 ~ 7000
AWB w	自动（白色优先）	
☀	日光	5200
🏠	阴影	7000
☁	阴天（黎明、黄昏）	6000
💡	钨丝灯	3200
🔆	白色荧光灯	4000
⚡	闪光灯	6000
◢◣	用户自定义	2000~10000
K	色温	2500~10000

▲ 即使使用了色温值最高的阴影预设白平衡（色温约为 7000K），画面得到的暖调效果还是不够纯粹

▲ 通过手动调整色温至最高的 10000K，画面得到的暖调效果更加强烈

自定义白平衡

自定义白平衡模式是各种白平衡模式中最精准的一种，是指在现场光照条件下拍摄纯白的物体，相机会认为这张照片是标准的"白色"，从而以此为依据对现场色彩进行调整，最终实现精准的色彩还原。

在 Canon EOS 90D 相机中自定义白平衡的操作步骤如下：

❶ 在镜头上将对焦方式切换至 MF（手动对焦）方式。

❷ 找到一个白色物体，然后半按快门对白色物体进行测光（此时无须顾虑是否对焦的问题），且要保证白色物体充满屏幕，然后按下快门拍摄一张照片。

❸ 在"拍摄菜单 3"中选择"自定义白平衡"选项。

❹ 此时将要求选择一幅图像作为自定义的依据，选择前面拍摄的照片并确定即可。

❺ 要使用自定义的白平衡，在"白平衡"菜单中选择"用户自定义"选项即可。

例如在室内使用恒亮光源拍摄人像或静物时，由于光源本身都会带有一定的色温倾向，因此，为了保证拍出的照片能够准确地还原色彩，此时就可以通过自定义白平衡的方法进行拍摄。

高手点拨：在实际拍摄时灵活运用自定义白平衡功能，可以使拍摄效果比使用滤色镜获得的效果更自然，操作也更方便。但值得注意的是，当曝光不足或曝光过度时，使用自定义白平衡可能无法获得正确的白平衡。在实际拍摄时可以使用18%灰度卡（市面有售）取代白色物体，这样可以更精确地设置白平衡。

▲ 采用自定义白平衡模式拍摄室内人像，画面中人物的肤色得到了准确还原。『焦距：24mm ┊ 光圈：F10 ┊ 快门速度：1/125s ┊ 感光度：ISO100 』

设定步骤

❶ 切换至手动对焦方式。

❷ 对白色对象进行测光并拍摄。

❸ 选择**自定义白平衡**选项。

❹ 选择一幅图像作为自定义白平衡的依据，然后点击屏幕上的 SET 图标确认。

❺ 若要使用自定义的白平衡，选择**用户自定义**选项即可。

白平衡偏移 / 包围

此菜单实际上包含了两个功能，即白平衡偏移及白平衡包围，下面分别讲解其功能。

白平衡偏移

白平衡偏移是指通过设置对白平衡进行微调矫正，以获得与使用色温转换滤镜同等的效果。"白平衡偏移"功能也可用于纠正镜头的偏色，例如，如果某一款镜头成像时会偏一点红色，利用此功能便可以使照片稍偏蓝一点，从而得到颜色相对准确的照片。

每种色彩都有 1 ~ 9 级矫正，其中 B 代表蓝色，A 代表琥珀色，M 代表洋红色，G 代表绿色。

设置白平衡偏移时，通过点击使"■"图标移至所需位置，即可让拍出的照片偏向所选择的色彩。

↓ 设定步骤

 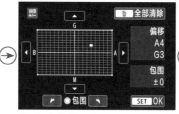 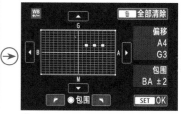

❶ 在**拍摄菜单 3** 中选择**白平衡偏移 / 包围**选项

❷ 点击屏幕上的 ▲▼◀▶ 图标选择不同的白平衡偏移方向。

❸ 点击 或 图标则可以设置白平衡包围曝光。

白平衡包围

使用"白平衡包围"功能拍摄时，拍摄一次可同时得到3张不同白平衡偏移效果的图像。在当前白平衡设置的色温基础上，图像将进行蓝色/ 琥珀色偏移或洋红色/ 绿色偏移。

操作时首先要通过点击确定白平衡包围的基础色调，其操作步骤与前面所述的设置白平衡偏移的步骤相同，在此基础上转动速控转盘或点击，使屏幕上的 ■标记将变成 ■ ■ ■。操作时可以尝试多次转动速控转盘，以改变白平衡包围的范围。

▲ 拍摄雪地日出照片时，由于太阳跳出地平线的速度较快，没法慢慢地调整白平衡模式，因而使用"白平衡包围"功能，设置蓝色/ 琥珀色方向的偏移，以便拍摄完成后挑选色彩效果较好的照片

正确设置自动对焦模式获得清晰锐利的画面

准确对焦是成功拍摄的重要前提。准确对焦可以让画面要表现的主体获得清晰呈现，反之则容易出现画面模糊的问题，也就是所谓的"失焦"。

Canon EOS 90D 相机提供了 AF 自动对焦与 MF 手动对焦两种模式，而 AF 自动对焦又可以分为单次自动对焦、人工智能自动对焦、人工智能伺服自动对焦 3 种模式，使用这 3 种自动对焦模式一般都能够实现准确对焦，下面分别讲解它们的使用方法。

▲ 设定方法

按 **AF** 按钮并转动主拨盘 🔾 或速控转盘 🔾，可以在 3 种自动对焦模式间切换。

单次自动对焦（ONE SHOT）

单次自动对焦模式会在合焦（半按快门时对焦成功）之后即停止自动对焦，此时可以保持半按快门状态重新调整构图。这种对焦模式是风光摄影中最常用的自动对焦模式之一，特别适合拍摄静止的对象，例如山峦、树木、湖泊、建筑等。当然，在拍摄人像、动物时，如果被摄对象处于静止状态，也可以使用这种自动对焦模式。

▼ 单次自动对焦模式非常适合拍摄静止的对象

Q：AF（自动对焦）不工作怎么办？

A：检查镜头上的对焦模式开关，如果将镜头上的对焦模式开关设置为"MF"，相机将不能自动对焦，应将镜头上的对焦模式开关设置为"AF"；另外，还要确保已稳妥地安装了镜头，如果没有稳妥地安装镜头，则有可能无法正确对焦。

EOS 90D

人工智能伺服自动对焦（AI SERVO）

选择人工智能伺服自动对焦模式后，当摄影师半按快门合焦时，在保持快门的半按状态下，相机会在对焦点中自动切换，以保持对运动对象的准确合焦状态。如果在此过程中，被摄对象的位置发生了较大变化，相机会自动做出调整，以确保主体清晰。这种对焦模式较适合拍摄运动中的鸟、昆虫、人等对象。

▶ 拍摄飞翔中的鸟儿，使用人工智能伺服自动对焦模式可以获得焦点清晰的画面。『焦距：400mm ┊光圈：F5.6┊快门速度：1/4000s┊感光度：ISO500』

人工智能自动对焦（AI FOCUS）

人工智能自动对焦模式适用于无法确定被摄对象是静止还是运动的情况，此时相机会自动根据被摄对象是否运动来选择单次对焦还是人工智能伺服自动对焦。

例如，在动物摄影中，如果所拍摄的动物暂时处于静止状态，但有突然运动的可能性，应该使用该对焦模式，以保证能够将被摄对象清晰地捕捉下来。在人像摄影中，如果模特不是处于摆拍的状态，随时有可能从静止变为运动状态，也可以使用这种对焦模式。

▲ 面对一时安静一时调皮跑动的小朋友，使用人工智能自动对焦是再合适不过了

Q: 如何拍摄自动对焦困难的主体？

A：在主体与背景反差较小、主体弱光环境、主体处于强烈逆光环境、主体本身有强烈的反光、主体的大部分被一个自动对焦点覆盖的景物覆盖、主体是重复的图案等情况下，Canon EOS 90D 可能无法进行自动对焦。此时，可以按下面的步骤使用对焦锁定功能进行拍摄。

1. 设置对焦模式为单次自动对焦，将 AF 点移至另一个与希望对焦的主体距离相等的物体上，然后半按快门按钮。

2. 因为半按快门按钮时对焦已被锁定，因此可以在半按快门按钮的状态下，将 AF 点移至希望对焦的主体上，重新构图后再完全按下快门。

EOS 90D

灵活设置自动对焦辅助功能

利用自动对焦辅助光辅助对焦

利用"自动对焦辅助光发光"菜单可以控制是否开启相机外置闪光灯的自动对焦辅助光。在弱光环境下，由于对焦很困难，因此开启对焦辅助光照亮被摄对象，可以起到辅助对焦的作用。

要注意的是，如果外接闪光灯的"自动对焦辅助光发光"被设置为"关闭"时，无论如何设置此菜单，闪光灯都不会发出自动对焦辅助光。

- 启用：选择此选项，闪光灯将会发射自动对焦辅助光。
- 关闭：选择此选项，闪光灯将不会发射自动对焦辅助光。
- 只发射外接闪光灯自动对焦辅助光：选择此选项，只在使用外接闪光灯时，才会在需要时发射自动对焦辅助光，相机的内置闪光灯将不会发射自动对焦辅助光。
- 只发射红外自动对焦辅助光：在外接闪光灯中，只有具有红外线自动对焦辅助光的闪光灯能发射光线。这可以防止使用装备有 LED 灯的 EX 系列闪光灯时，LED 灯自动打开。

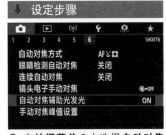

❶ 在**拍摄菜单 6** 中选择**自动对焦辅助光发光**选项。

❷ 选择所需的选项，然后点击 SET OK 图标确定。

 高手点拨：如果拍摄的是会议或体育比赛等不能被打扰的拍摄对象，应该关闭此功能。在不能使用自动对焦辅助光照明时，如果难以对焦，应尽量使用中间的高性能双十字对焦点，选择明暗反差较大的位置进行对焦。

利用连续自动对焦提高对焦速度

开启该功能后，即便在没有半按快门的状态下，相机也会自动持续对焦被摄体。当半按快门时，相机可以更快速准确合焦的效果。

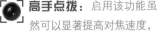 **高手点拨**：启用该功能虽然可以显著提高对焦速度，但由于连续驱动镜头会消耗较多电池电量，所以可拍摄照片的张数会减少。

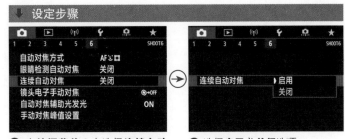

❶ 在**拍摄菜单 6** 中选择**连续自动对焦**选项。

❷ 选择**启用**或**关闭**选项。

设置对焦追踪灵敏度

"追踪灵敏度"的作用在于，当被摄对象的前方出现障碍对象时，通过此参数的设置，相机会"明白"是忽略障碍对象继续跟踪对焦被摄对象，还是对新被摄体（即障碍对象）进行对焦拍摄。在此菜单中，可以向左边的"锁定"或右边的"敏感"拖动滑块来改变追踪灵敏度。

当滑块位置偏向于"锁定"时，即使有障碍物遮挡被摄对象，或被摄对象偏移了对焦点，相机仍然会继续保持原来的对焦状态；反之，若滑块位置偏向于"敏感"方向，障碍对象一旦出现，相机的对焦点就会马上从原被摄对象脱开，对焦在新的障碍对象上。

● 0：适合大多数被摄对象的默认设置。

● 锁定：即使有障碍物进入自动对焦点或被摄对象偏离自动对焦点，相机也会试图连续对焦被摄对象。滑块越向"锁定"一侧偏移，相机追踪目标被摄对象的时间就越长。如果相机对错误的被摄体对焦，也要花费更长时间才能切换并对目标被摄对象对焦。

● 敏感：一旦自动对焦点追踪被摄对象，相机将始终对最近的被摄对象对焦。滑块越向"敏感"一侧偏移，相机就能越迅速地对障碍对象对焦，即相机也更容易对错误的被摄体对焦。

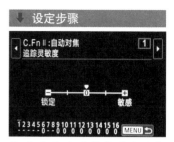

● 在**自定义功能菜单**中选择 **C.Fn Ⅱ：自动对焦**选项，点击◀或▶图标选择 **C.Fn Ⅱ：自动对焦（1）追踪灵敏度**选项。

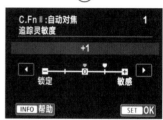

❷ 点击◀或▶图标选择一个选项，然后点击 SET OK 图标确定。

▲ 运动场上运动员的位置变化极快，此时应该将"追踪灵敏度"滑块向左侧拖动，以避免当其他运动员挡在要拍摄的运动员前面时相机会马上脱焦。『焦距：300mm ┊ 光圈：F4 ┊ 快门速度：1/800s ┊ 感光度：ISO1000』

自动对焦区域选择模式

Canon EOS 90D 采用了全 45 点十字形自动对焦感应器，能够快速、高精度地捕捉被摄体，并提供了 5 种自动对焦模式，以更好地进行准确对焦提供了强有力的保障。

虽然 Canon EOS 90D 相机提供了 5 种自动对焦模式，但是每个人的拍摄习惯和拍摄题材不同，这些模式并非都是常用的，甚至有些模式几乎不会用到，因此可以在"限制自动对焦方式"菜单中自定义可选择的自动对焦区域选择模式，以简化拍摄时的操作。

▲ 设定方法

按自动对焦点选择按钮🔲或自动对焦区域选择模式按钮🔳，然后每按🔳按钮一次，即可切换一种自动对焦区域选择模式。

▼ 设定步骤

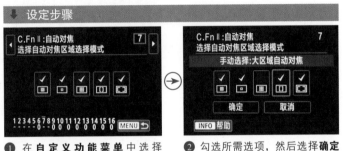

❶ 在**自定义功能菜单**中选择 **C.Fn Ⅱ：自动对焦**选项，点击◀或▶图标选择**C.Fn Ⅱ：自动对焦（7）选择自动对焦区域选择模式**选项。

❷ 勾选所需选项，然后选择**确定**选项。

▼ 设定步骤

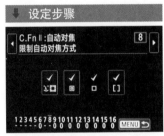

❶ 在**自定义功能菜单**中选择 **C.Fn Ⅱ：自动对焦**选项，点击◀或▶图标选择 **C.Fn Ⅱ：自动对焦（8）限制自动对焦方式**选项。

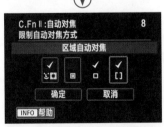

❷ 点击设置常用的自动对焦方式，添加勾选标志，操作完成后选择**确定**选项。

▲ 拍摄花卉时，使用单点自动对焦模式对花朵进行对焦，从而获得花朵清晰而背景虚化的照片。『焦距：100mm ┊光圈：F4 ┊快门速度：1/250s ┊感光度：ISO800』

定点自动对焦

在此模式下，摄影师可以使用比单点自动对焦区域更窄的范围进行对焦，适合拍摄需要精细对焦的题材，比如产品摄影、微距摄影等。

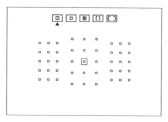

▲ 定点自动对焦模式示例

▲ 在拍摄产品时，使用定点自动对焦模式可以使用更窄的对焦区域获得准确的对焦位置，从而精细地控制景深，得到清晰的产品画面。『焦距：100 mm ⋮ 光圈：F8 ⋮ 快门速度：1/125s ⋮ 感光度：ISO100』

单点自动对焦（手动选择）

在此模式下，摄影师可以手动选择对焦点的位置。使用P、Tv、Av、M曝光模式拍摄时都可以手选对焦点。

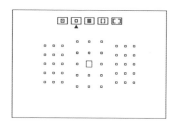

▲ 单点自动对焦模式示例

▲ 在拍摄人像时，常常使用单点自动对焦区域模式对人物眼睛对焦，得到人物清晰而前景虚化的效果。『焦距：190mm ⋮ 光圈：F5 ⋮ 快门速度：1/320s ⋮ 感光度：ISO100』

区域自动对焦（手动选择区域）

在此模式下，相机的自动对焦点被划分为多个区域，每个区域分布有 9 个对焦点，当选择某个区域进行对焦时，则此区域内的对焦点将自动进行对焦。

如果在指定区域内出现人脸，相机会优先对人脸进行对焦。在人工智能伺服自动对焦模式下，只要在所选区域内可以追踪到被拍摄对象，就可以持续对焦。

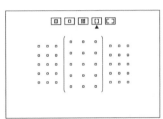

▲ 区域自动对焦模式示例

大区域自动对焦（手动选择区域）

在此模式下，相机的自动对焦点被划分为左、中、右三个对焦区域，每个区域分布有若干个对焦点。由于此对焦模式的对焦区域比区域自动对焦模式的更大，因此更易于捕捉运动的主体。但使用此对焦模式时，相对只会自动将焦点对焦于距离相机更近的被摄体区域上，因此无法精准指定对焦位置。

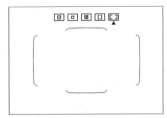

▲ 大区域自动对焦模式示例

◀ 在拍摄在玩耍泡泡机的模特时，模特的动作会有小幅度的运动范围，此时就可以使用"大区域自动对焦"模式进行拍摄。『焦距：70mm┊光圈：F4┊快门速度：1/640s┊感光度：ISO320』

自动选择自动对焦

自动选择自动对焦是最简单的自动对焦区域模式，此时将完全由相机决定对哪些对象进行对焦（相机总体上倾向于对距离镜头最近的主体进行对焦），在主体位于前面或对对焦要求不高的情况下较为适用，如果是要求严谨的拍摄，建议根据需要选择其他自动对焦区域模式。

高手点拨： 使用"自动选择自动对焦"模式时，在单次自动对焦模式下，对焦成功后将显示所有成功对焦的对焦点；在人工智能伺服自动对焦模式下，将优先选择"初始AF点，〔 〕人工智能伺服AF"菜单中设定的人工智能伺服自动对焦的起始自动对焦点。

▲ 自动选择自动对焦模式示例

手选对焦点 / 对焦区域的方法

在 P、Av、Tv 及 M 模式下，除"自动选择自动对焦"模式外，其他 4 种自动对焦区域模式都支持手动选择对焦点或对焦区域，以便根据对焦需要进行选择。

在选择对焦点 / 对焦区域时，先按机身上的自动对焦点选择按钮 ⊞，然后在屏幕上使用多功能控制钮 1 或多功能控制钮 2 在 8 个方向上移动对焦点的位置，如果按 SET 按钮或多功能控制钮 1 的中央，则可以选择中央对焦点 / 中央区域。

另外，转动主拨盘可以在水平方向上切换对焦点，转动速控转盘可以在垂直方向上切换对焦点。

▲ 设定方法

按相机背面右上方的自动对焦点选择按钮⊞，然后使用多功能控制钮 1 ❀或多功能控制钮 2 ❀选择对焦点或对焦区域的位置。

▲ 采用单点自动对焦区域模式手动选择对焦点拍摄，保证了对人物的灵魂——眼睛进行准确的对焦。『焦距：50mm ┊光圈：F2.8 ┊快门速度：1/320s ┊感光度：ISO100』

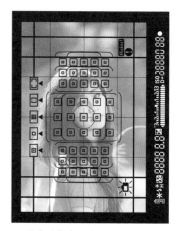

▲ 手选对焦点示意图

灵活设置自动对焦点辅助功能

与方向链接的自动对焦点

在水平或垂直方向切换拍摄时，常常遇到的一个问题，就是在切换至不同的方向时，会使用不同的自动对焦区域选择模式及对焦点/区域的位置，此时，就可以在此菜单中指定横拍与竖拍时的对焦点位置。

● 水平／垂直方向相同：选择此选项，无论如何在横拍与竖拍之间进行切换，对焦点都不会发生变化。

● 不同的 AF 点：⊞ + ⊞（LV 时的 ⊞）：选择此选项，将允许在3种情况下分别设置自动对焦区域选择模式以及对焦点／区域的位置，即水平、垂直（相机手柄朝上）、垂直（相机手柄朝下）。当改变相机方向时，相机会切换到在该方向设定的自动对焦区域选择模式和手动选择的自动对焦点（或区域）。

● 不同的自动对焦点：仅限⊞：选择此选项，即在水平、垂直（相机手柄朝上）、垂直（相机手柄朝下）3个方向上分别设定自动对焦点或区域。当改变相机方向时，相机会切换到设定好的自动对焦点或区域。

设定步骤

❶ 在**自定义功能菜单**中选择 C.Fn Ⅱ：**自动对焦**选项，点击◀或▶图标选择 C.Fn Ⅱ：**自动对焦**（10）**与方向链接的自动对焦点**选项。

❷ 选择一个选项，然后点击 SET OK 图标确定。

自动对焦点自动选择：EOS iTR AF

通过前面的内容可以得知，在区域、大区域自动对焦区域模式下，相机可以在所选择的区域内自动选择对焦点。而在自动选择自动对焦模式下，更是完全由相机自动选择对焦点，为了提高相机自动识别对焦的成功率，Canon EOS 90D 相机提供了"自动对焦点自动选择：EOS iTR AF"功能。

通过"自动对焦点自动选择：EOS iTR AF"菜单，摄影师可以设置在区域、大区域及自动选择自动对焦区域模式下，相机是否以检测到画面中人物来作为对焦的依据。

● EOS iTR AF（面部优先）：选择此选项，相机将优先识别画面中的人物进行对焦，面部优先级比"启用"选项更加容易。

● 启用：选择此选项，相机将根据自动对焦信息和等同于肤色的色彩信息自动选择自动对焦点。这样不管是单次自动对焦模式下拍摄静止的人物，还是在人工智能伺服自动对焦模式下拍摄运动的人物，相机只要检测到人物，便会自动对焦至人物。如果无法检测到人物，则会对最近的被摄体对焦，一旦合焦，就会自动选择自动对焦点。

● 关闭：选择此选项，相机只根据自动对焦信息自动选择自动对焦点。

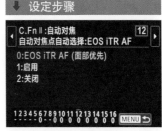

设定步骤

❶ 在**自定义功能菜单**中选择 C.Fn Ⅱ：**自动对焦**选项，点击◀或▶图标选择 C.Fn Ⅱ：**自动对焦**（12）**自动对焦点自动选择：EOS iTR AF** 选项。

❷ 选择所需的选项，然后点击 SET OK 图标确定。

选择自动对焦点时的移动方式

当使用多功能控制钮选择对焦点或对焦区域时，可以通过"选择自动对焦点时的移动方式"菜单控制对焦点循环的方式，即可控制当选择最边缘的一个对焦点时，再次按多功能控制钮的方向键后，对焦点将如何变化。

- 在自动对焦区域的边缘停止：选择此选项，当选择边缘的对焦点时，再次按▶方向键，对焦点便不再循环。例如，在选定最右侧的一个对焦点时，即使按▶方向键，对焦点也不会再移动。

- 连续：选择此选项，则当选择边缘的对焦点时，可以循环到相反的一侧。例如取景器右边缘处的对焦点被加亮显示时，按▶方向键可选择取景器左边缘处相应的对焦点。

● 在**自定义功能菜单**中选择**C.Fn Ⅱ：自动对焦**选项，点击◀或▶图标选择**C.Fn Ⅱ：自动对焦**（13）**选择自动对焦点时的移动方式**选项。

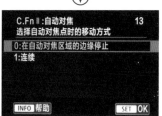

❷ 选择一个选项，然后点击 SET OK 图标确定。

对焦时自动对焦点显示

此菜单用于控制对焦过程中自动对焦点是否在取景器中显示以及显示的方式等。

- 选定（持续显示）：选择此选项，将在取景器中持续显示当前选中的对焦点。

- 全部（持续显示）：选择此选项，将在取景器中持续显示全部的对焦点。

- 选定（自动对焦前，合焦时）：选择此选项，将在手选对焦点、相机拍摄就绪及对焦成功时，显示正在工作的自动对焦点。

- 选定的自动对焦点（合焦时）：选择此选项，将在手选对焦点及对焦成功时显示自动对焦点。

- 关闭显示：选择此选项，除了在手选对焦点时，其他情况下将不会在取景器中显示自动对焦点。

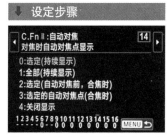

● 在**自定义功能菜单**中选择**C.Fn Ⅱ：自动对焦**选项，点击◀或▶图标选择**C.Fn Ⅱ：自动对焦**（14）**对焦时自动对焦点显示**选项。

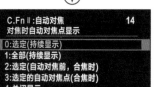

❷ 选择一个选项，然后点击 SET OK 图标确定。

初始伺服自动对焦点：〔 〕/

此菜单用于设定在人工智能伺服自动对焦模式或伺服自动对焦模式下，当自动对焦区域模式选择为"自动选择自动对焦〔 〕"或自动对焦方式设为" + 追踪"时，进行自动对焦操作的开始自动对焦点。

● 自动：选择此选项，人工智能伺服自动对焦或伺服自动对焦的初始自动对焦点会根据拍摄条件自动设定。

● 为〔 〕/ 设定的初始自动对焦点：选择此选项，当将自动对焦模式设置为"人工智能伺服自动对焦"，并且自动对焦区域模式设为"自动选择自动对焦"，或者在实时显示拍摄模式下，将自动对焦模式设为"伺服自动对焦"，并且自动对焦方式设为" + 追踪"模式时，人工智能伺服自动对焦或伺服自动对焦将从手动选择的自动对焦点开始。

● 为回口设定的自动对焦点：选择此选项，如果从"定点自动对焦"或"单点自动对焦"切换到"自动选择自动对焦"或" + 追踪"模式时，人工智能伺服自动对焦或伺服自动对焦会从切换前模式下手动选择的自动对焦点开始。

❶ 在**自定义功能菜单**中选择 **C.Fn Ⅱ：自动对焦**选项。

❷ 选择 C.Fn Ⅱ：自动对焦（11）**初始伺服自动对焦点，〔 〕/ **选项，在其界面中选择所需的选项。

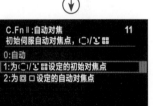

❸ 选择一个选项，然后点击 SET OK 图标确定。

◀ 使用" + 追踪"模式时，可以根据初始对焦点所选设置，以更快的速度对焦至画面中的人物。『焦距：200mm｜光圈：F4｜快门速度：1/320s｜感光度：ISO200』

手动对焦实现准确对焦

如果在摄影中遇到下面的情况，相机的自动对焦系统往往无法准确对焦，此时应该使用手动对焦功能。但由于不同摄影师的拍摄经验不同，拍摄的成功率也有极大的差别。

● 画面主体处于杂乱的环境中，例如拍摄杂草后面的花朵。

● 画面属于高对比、低反差的画面，例如拍摄日出、日落。

● 在弱光环境下进行拍摄，例如拍摄夜景、星空。

● 拍摄距离太近的题材，例如微距拍摄昆虫、花卉等。

● 主体被其他景物覆盖，例如拍摄动物园笼子里面的动物、鸟笼中的鸟等。

● 对比度很低的景物，例如拍摄蓝天、墙壁。

● 距离较近且相似程度又很高的题材，例如旧照片翻拍等。

▲ 设定方法

将镜头上的对焦模式切换器设为 MF，即可切换至手动对焦模式。

▲ 在拍摄微距题材时，常常使用手动对焦模式以保证画面中的主体能够清晰对焦。『焦距：180mm ┊光圈：F8 ┊快门速度：1/320s ┊感光度：ISO400 』

Q：图像模糊不聚焦或锐度较低应如何处理？

A：出现这种情况时，可以从以下三个方面进行检查。

1. 按快门按钮时相机是否产生了移动？按快门按钮时要确保相机稳定，尤其在拍摄夜景或在黑暗的环境中拍摄时，快门速度应高于正常拍摄条件下的快门速度。应尽量使用三脚架或遥控器，以确保拍摄时相机保持稳定。

2. 镜头和主体之间的距离是否超出了相机的对焦范围？如果超出了相机的对焦范围，应该调整主体和镜头之间的距离。

3. 取景器的自动对焦点是否覆盖了主体？相机会自动对焦取景器中被对焦点覆盖的主体，如果因为主体所处位置使自动对焦点无法覆盖，可以利用对焦锁定功能来解决。

EOS 90D

手动对焦峰值设置

峰值是一种独特的用于辅助对焦的显示功能，开启此功能后，在使用手动对焦模式进行拍摄时，如果被摄对象对焦清晰，则其边缘会出现标示色彩（通过"颜色"进行设定）轮廓，以方便拍摄者辨识。

在"级别"选项中可以设置峰值显示的强弱程度，包含"高"和"低"2个选项，分别代表不同的强度，等级越高，颜色标示就越明显。

通过"颜色"选项可以设置在开启手动对焦峰值功能时，在被摄对象边缘显示标示峰值的色彩，有"红色""黄色"以及"蓝色"3种颜色选项。在拍摄时，需要根据被摄对象的颜色，选择与主体反差较大的色彩。

 设定步骤

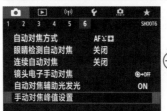

❶ 在**拍摄菜单6**中选择**手动对焦峰值设置**选项。

❷ 选择**峰值**选项。

❸ 选择**开**或**关**选项。

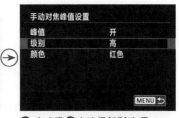

❹ 在步骤❷中选择**级别**选项。

❺ 选择**高**或**低**选项。

❻ 在步骤❷中选择**颜色**选项。

❼ 选择所需的颜色选项。

设置不同的驱动模式以拍摄运动或静止的对象

针对不同的拍摄任务,需要将快门设置为不同的驱动模式。例如,要抓拍高速移动的物体时,为了保证成功率,通过设置可以使相机在按下一次快门后,能够连续拍摄多张照片。

Canon EOS 90D 提供了单拍□、高速连拍□H、低速连拍/连拍□、静音单拍□S、静音连拍□S、10 秒自拍/遥控🕐、2 秒自拍/遥控🕐2、定时连拍🕐c等驱动模式,下面分别讲解它们的使用方法。

▲ 设定方法

按 DRIVE 按钮,转动主拨盘可选择不同的驱动模式。当选择了🕐c模式时,转动速控转盘可以设置拍摄数量。

单拍模式

在此模式下,每次按下快门时,都只拍摄一张照片。单拍模式适用于拍摄静态对象,如风光、建筑、静物等题材。

静音单拍的操作方法和拍摄题材与单拍模式基本类似,但由于使用静音单拍时相机发出的声音更小,因此更适合在安静的场所进行拍摄,或拍摄易被相机快门声音惊扰的对象。

▲ 使用单拍驱动模式拍摄的各种题材

连拍模式

在连拍模式下，每次按下快门将连续拍摄多张照片。连拍模式适用于拍摄运动的对象，当将被摄对象的连续动作全部抓拍下来以后，可以从中挑选满意的画面。

驱动模式	最快连拍速度
高速连拍	使用取景器拍摄时最快10张/秒，使用实时显示拍摄时最快11张/秒。在实时显示拍摄模式下，设为伺服自动对焦模式时，最快7张/秒
低速连拍/连拍	在❄模式下，取景器拍摄时最快5.7张/秒，实时显示拍摄时最快4.3张/秒，在其他模式下拍摄时最快3张/秒
静音连拍	最快3张/秒

▲ 使用连拍驱动模式抓拍小鸟进食的精彩画面

Q：为什么相机能够连续拍摄？

A：因为 Canon EOS 90D 有临时存储照片的内存缓冲区，因而在保存照片到存储卡的过程中可继续拍摄，受内存缓冲区大小的限制，最多可持续拍摄照片的数量是有限的。

Q：在弱光环境下，连拍速度是否会变慢？

A：连拍速度在以下情况可能会变慢：当剩余电量较低时，连拍速度会下降；在人工智能伺服自动对焦模式下，因主体和使用的镜头不同，连拍速度可能会下降；当选择了"高ISO感光度降噪功能"或在弱光环境下，即使设置了较高的快门速度，连拍速度也可能变慢。

Q：连拍时快门为什么会停止释放？

A：在最大连拍数量少于正常值时，如果相机在中途停止连拍，可能是"高ISO感光度降噪功能"被设置为"强"导致的，此时应该选择"标准""弱"或"关闭"选项。因为当启用"高ISO感光度降噪功能"时，相机将花费更多的时间进行降噪处理，因此将数据转存到存储空间的耗时会更长，相机在连拍时更容易被中断。

自拍模式

Canon EOS 90D 相机提供了 3 种自拍模式，可满足不同的拍摄需求。

● 10 秒自拍 / 遥控 ⏱️Ŏ：在此驱动模式下，可以在 10 秒后进行自动拍摄。此驱动模式支持与遥控器搭配使用。

● 2 秒自拍 / 遥控 ⏱️Ŏ₂：在此驱动模式下，可以在 2 秒后进行自动拍摄。此驱动模式也支持与遥控器搭配使用。

● 10 秒后连续拍摄指定的张数 Ŏc：在此驱动模式下，可以在 10 秒后进行自动连拍，而连拍的数量可以转动速控转盘设定在 2～10 张。此驱动模式不可以与遥控器搭配使用。

值得一提的是，所谓的"自拍"驱动模式并非只能用于给自己拍照。例如，在需要使用较低的快门速度拍摄时，我们可以将相机置于一个稳定的位置，并进行变焦、构图、对焦等操作，然后通过设置自拍驱动模式的方式，避免手按快门产生震动，进而拍出满意的照片。

▲ 使用自拍模式可以代替快门线，在长时间曝光拍摄水流时，可以避免手按快门导致画面模糊的情况出现。『焦距：23mm ┊光圈：F14 ┊快门速度：6s ┊感光度：ISO100』

使用自拍模式能够为自己拍出漂亮的写真照片。『焦距：135mm ┊光圈：F4 ┊快门速度：1/160s ┊感光度：ISO200』

利用反光镜预升避免相机产生震动

　　使用反光镜预升功能可以有效地避免由于相机震动而导致的图像模糊。在该菜单中选择所需的选项，然后再对拍摄对象对焦，完全按下快门后释放，这时反光镜已经升起，再次按下快门或经过几秒即可进行拍摄。拍摄完成后反光镜将自动落下。

● 关闭：选择此选项，反光镜不会预先升起。

● 启用：选择此选项，完全按下快门按钮时相机将升起反光镜，再次完全按下快门则拍摄照片。

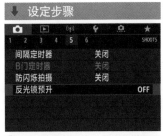

❶ 在**拍摄菜单5**中选择**反光镜预升**选项。

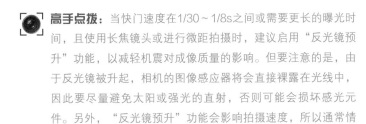

高手点拨：当快门速度在1/30～1/8s之间或需要更长的曝光时间，且使用长焦镜头或进行微距拍摄时，建议启用"反光镜预升"功能，以减轻机震对成像质量的影响。但要注意的是，由于反光镜被升起，相机的图像感应器将会直接裸露在光线中，因此要尽量避免太阳或强光的直射，否则可能会损坏感光元件。另外，"反光镜预升"功能会影响拍摄速度，所以通常情况下建议将其设置为"OFF"，需要时再启用。

❷ 选择**启用**或**关闭**选项，然后点击 SET OK 图标确定。

▼ 在拍摄微距照片时，使用"反光镜预升"功能可以在一定程度上确保得到更清晰的照片。『焦距：100mm ┊ 光圈：F5.6 ┊ 快门速度：1/80s ┊ 感光度：ISO200 』

设置测光模式以获得准确的曝光

要想准确曝光，前提是做到准确测光，在使用除手动及 B 门以外的所有曝光模式拍摄时，都需要根据测光模式确定曝光组合。例如，在光圈优先曝光模式下，指定了光圈及 ISO 感光度数值后，可根据不同的测光模式确定快门速度值，以满足准确曝光的需求。因此，选择一个合适的测光模式，是获得准确曝光的重要前提。

评价测光 ◙

评价测光是最常用的测光模式，在场景智能自动曝光模式下，相机默认采用的就是评价测光模式。采用该模式测光时，相机会对画面进行平均测光，此模式最适合拍摄日常及风光题材的照片。

值得一提的是，该测光模式在手选单个对焦点的情况下，对焦点可以与测光点联动，即对焦点所在的位置为测光的位置。在拍摄时善于利用这一点，可以为我们带来更大的便利。

▲ 设定方法

按◙按钮，然后转动主拨盘或速控转盘，即可在 4 种测光方式之间进行切换。

▲ 使用评价测光模式拍摄的风景照片，画面中没有明显的明暗对比，可以获得曝光正常的画面效果。『焦距：28mm ┊ 光圈：F8 ┊ 快门速度：1/4s ┊ 感光度：ISO3200 』

中央重点平均测光 []

在中央重点平均测光模式下，测光会偏向取景器的中央部位，但也会同时兼顾其他部分的亮度。由于测光时能够兼顾其他区域的亮度，因此该模式既能实现画面中央区域的精准曝光，又能保留部分背景的细节。

这种测光模式适合拍摄主体位于画面中央位置的场景，如人像、建筑物、背景较亮的逆光对象等。

▲ 人物处于画面的中心位置，使用中央重点平均测光模式，可以使画面中主体人物获得准确的曝光。『焦距：70mm ┊光圈：F2.8 ┊快门速度：1/640s ┊感光度：ISO100』

局部测光 [○]

局部测光的测光区域约为画面中央6.5%（取景器拍摄）或4.5%（实时显示拍摄）的区域。当主体占据画面面积较小，又希望获得准确的曝光时，可以使用该测光模式。

▶ 使用局部测光模式，以较小的区域作为测光范围，从而获得精确的测光结果。『焦距：100mm ┊光圈：F5 ┊快门速度：1/500s ┊感光度：ISO250』

点测光[·]

点测光也是一种高级测光模式，相机只对画面中央区域的很小部分（取景器拍摄时约为 2.0% 的区域，实时显示拍摄时约为 2.6% 的区域）进行测光，因此具有相当高的准确性。当主体和背景的亮度差较大时，最适合使用点测光模式拍摄。

由于点测光的测光面积非常小，因此在实际使用时，可以直接将对焦点设置为中央对焦点，这样就可以实现对焦与测光的同步工作了。

◀ 使用点测光模式对夕阳周围的天空进行测光，采用逆光将人物拍成剪影效果，增强了画面的形式美感。『焦距：70mm ┊光圈：F8 ┊快门速度：1/2000s ┊感光度：ISO200』

对焦后自动锁定曝光的测光模式

在默认设置下，使用单次自动对焦模式半按快门对焦和测光成功后，在评价测光模式下保持半按快门可以锁定曝光，而在局部测光、中央重点平均测光以及点测光 3 种模式下，半按快门并不会锁定曝光，而是在拍摄照片时设定曝光。

用户可以根据拍摄需求，在"对焦后自动锁定曝光的测光模式"菜单中，设定每种测光模式在单次自动对焦模式下对焦成功后，半按快门按钮时是否锁定画面曝光（自动曝光锁）。在此菜单中被勾选的测光模式，便可以在拍摄时半按快门锁定曝光，并且只要保持半按快门的动作就可以一直锁定曝光。

设定步骤

❶ 在**自定义功能菜单**中选择 C.Fn Ⅰ：曝光选项。

❷ 点击◀或▶图标选择 C.Fn Ⅰ：曝光（8）对焦后自动锁定曝光的测光模式。

❸ 将要应用自动曝光锁的测光模式进行勾选，然后选择**确定**选项。

第 4 章 灵活使用曝光模式拍出好照片

焦距：20mm | 光圈：F22 | 快门速度：1s | 感光度：ISO100

场景智能自动曝光模式

场景智能自动曝光模式在 Canon EOS 90D 相机的屏幕上显示为 $\boxed{A^+}$。在光线充足的情况下，使用该模式可以拍出效果不错的照片。在场景智能自动曝光模式下，对焦后可以锁定焦点，然后再进行重新构图和拍摄；如果对焦时或者对焦后主体发生了移动，可以追踪移动的被摄对象，以保持对焦。

在场景智能自动曝光模式下，快门速度、光圈等参数全部由相机自动设定，拍摄者无法主动控制成像效果。

▲ 设定方法

按住模式转盘解锁按钮并同时旋转模式转盘，选择 $\boxed{A^+}$ 拍摄模式。然后按 SET 按钮或点击屏幕上 OK 图标确认，相机即设定为场景智能自动模式。

特殊场景模式

虽然场景智能自动曝光模式会自动给出曝光参数，并且无需拍摄者手动设置，相机就能拍摄出亮度正常的画面。但在某些情况下，相机的自动判断可能会出错，这时就可以使用特殊场景模式，手动选择拍摄题材，从而让向相机可以自动给出更加符合拍摄环境的设置及参数。

选定了某种拍摄题材后，相机会针对此题材对拍摄参数进行优化组合，因而可以得到更好的拍摄效果，如拍摄人像时，就可以选择人像模式，这样拍摄出来的人物皮肤会更显白皙。

Canon EOS 90D 相机提供了人像模式 $\color{gray}\blacktriangleright$、合影模式 $\color{gray}\clubsuit$、风光模式 $\color{gray}\blacktriangle$、运动模式 $\color{gray}\blacktriangleleft$、儿童模式 $\color{gray}\clubsuit$、摇摆模式 $\color{gray}\approx$、微距模式 $\color{gray}\clubsuit$、食物模式 $\color{gray}\Psi\!\Psi$、烛光模式 $\color{gray}\blacksquare$、夜景人像模式（使用三脚架）$\color{gray}\blacksquare$、手持夜景模式 $\color{gray}\blacksquare$、HDR 逆光控制模式 $\color{gray}\blacktriangle$ 共 12 种场景拍摄。

人像模式 $\color{gray}\blacktriangleright$

使用此场景模式拍摄时，将在当前最大光圈的基础上进行一定的收缩，以保证获得较高的成像质量，并使人物的脸部更加柔美，背景呈漂亮的虚化效果。按住快门不放即可进行连拍，以保证在拍摄运动中的人像时，也可以成功地拍下精彩的瞬间。

▲ 设定方法

按住模式转盘解锁按钮并同时旋转模式转盘，选择 SCN 拍摄模式。然后按 SET 按钮进入模式选择界面，按▲或▼方向键选择所需的模式后按 SET 按钮确认。也可以在屏幕上用触摸的操作方式来进行选择。

适合拍摄	人像及希望虚化背景的对象
优 点	能拍摄出层次丰富、肤色柔滑的人像照片，而且能够尽量虚化背景，以便突出主体
特别注意	当拍摄风景中的人物时，色彩可能较柔和

风光模式

使用风景模式可以在白天拍摄出色彩艳丽的风景照片，为了保证获得足够的景深，在拍摄时会自动缩小光圈。

适合拍摄	景深要求较大的风景、建筑等
优　　点	色彩鲜明、锐度较高
特别注意	在光线不足的情况下，建议使用三脚架固定相机

微距模式

微距模式适合搭配微距镜头拍摄花卉、静物、昆虫等微小物体。考虑到拍摄特写时画面清晰范围较小，所以相机会自动使用较小的光圈，来保证整个主体都是清晰的。

当屏幕中出现闪烁的图标时，可以按按钮弹起内置闪光灯对画面进行补光。

适合拍摄	微小主体，如花卉、昆虫等
优　　点	方便进行微距摄影，色彩和锐度较高
特别注意	如果安装的是非微距镜头，那么无论如何也不可能进行超近距离的拍摄

运动模式

使用此场景模式拍摄时，相机将使用高速快门，以确保拍摄的动态对象能够清晰成像，该场景模式特别适合凝固运动对象的瞬间动作。

适合拍摄	运动对象
优　　点	方便进行运动摄影，凝固瞬间动作
特别注意	当光线不足时会自动提高感光度数值，画面可能会出现较明显的噪点；如果必须使用慢速快门，则应该选择其他曝光模式进行拍摄

合影模式 🏃

使用此模式拍摄时，相机将会锁定较小的光圈，以保证站在前面和后面的人都能够得到清晰的画面。

儿童模式 🏃

可以将儿童模式理解为人像模式的特别版，即根据儿童在着装色彩方面较为鲜艳的特点进行色彩校正，并保留皮肤的自然色彩。

在此模式下，相机会使用区域自动对焦框追踪被摄儿童。在默认设置下，只要按下快门按钮便会以高速连拍驱动模式拍摄，以抓拍儿童丰富的面部表情和多变的动作。

摇摄模式 🏃

使用此场景模式拍摄时，需要平稳转动相机，转动相机的速度需要尽量与物体移动的速度相一致，并保持半按快门的状态。在转动相机的同时完全按下快门拍摄即可。

食物模式 🍴

食物模式适合拍摄精致的食物照片。为了追求高画质，推荐使用三脚架以避免画面模糊。拍摄时可以在屏幕中改变"色调"设置，如果要增强食物的偏红色调，可以向"暖"端设定；如果想减弱食物的偏红色调，可以向"冷"端设定。

烛光模式 📷

烛光模式适合在不限于烛光的弱光环境下拍摄。为了不破坏现场气氛，内置闪光灯将被自动关闭，因此，拍摄时推荐使用三脚架，以避免由于光线不足而导致画面模糊。同时，相机使用中央自动对焦点对被摄体对焦，以提高弱光下对焦的精确度。

在此模式下，也可以在速控屏幕中改变"色调"设置，如果要增强烛光的暖色调，可以向"暖色调"端设定；如果想减弱烛光的暖色调，可以向"冷色调"端设定。

夜景人像模式 📷

虽然名为夜景人像模式，但实际上，只要是在光线比较暗的情况下拍摄人像照片，都可以使用此场景模式。选择此场景模式后，相机会自动提高感光度，并降低快门速度，以使人像与背景均得到充足的曝光。

手持夜景模式

手持夜景模式用于摄影师以手持相机的方式拍摄夜景，此时相机会自动选择较高的快门速度，连续拍摄 4 张图像，并在相机内部合成为一张图像。在图像在被合成时，相机会对图像的错位和拍摄时的抖动进行修正，最终得到低噪点、高画质的夜景照片。

尽管此功能所使用的技术比较成熟，但在拍摄时摄影师也应该牢固地握持相机，如果因为相机抖动等原因导致四张照片中的任何一张出现较大的错位，最终合成的照片可能无法准确对齐。

需要特别注意的是，如果使用此功能拍摄夜景中的人物，必须要告知模特一直在原地且保持同一个姿势，直至四张照片全部拍完后才可以离开，否则在画面中就会出现虚影。

HDR 逆光控制模式

在逆光条件下拍摄时，由于光线直射镜头，因此场景明亮的地方显得极为明亮，而背光的部分则显得极为阴暗，在拍摄这样的场景时，通常将暗调的景物拍摄成为剪影。但这实际上是无奈之举，因为数码相机感光元件的宽容度有限，不可能同时表现出极亮与极暗区域的细节。

但如果使用 Canon EOS 90D 的 HDR 逆光控制模式，就可以较好地表现较亮与较暗区域的细节，从而使画面的信息量更大、细节更丰富。

此场景模式的工作原理是，连续拍摄三张照片，分别是曝光不足、标准曝光、曝光过度的效果，相机会自动将这 3 张照片合并成为一张具有丰富细节的照片，以同时在画面中表现较亮区域与较暗区域的细节。

▲ 以 HDR 逆光控制模式拍摄傍晚时的景象，得到了天空与地面的细节都很丰富的画面效果

创意滤镜模式

使用 Canon EOS 90D 的创意滤镜模式可以拍出色彩个性、画面效果有趣的静态照片，而且还可以在短片拍摄状态下，录制具有回忆、梦幻、老电影、黑白分明、微缩景观效果短片，使得单反相机也具有了个性化的拍摄乐趣。

在创意滤镜模式下拍摄照片，可以利用实时显示拍摄模式进行拍摄，用户可以在开始拍摄前在屏幕上观看效果并做出修改，而拍出的照片具有类似于经过数码后期处理而得到的特效效果。根据选择的模式不同，可得到颗粒黑白、柔焦、鱼眼效果、水彩画效果、玩具相机效果、微缩景观效果、HDR 标准绘画风格等效果的照片。

设定步骤

❶ 按住模式转盘解锁按钮并同时转动模式转盘选择◎图标。

❷ 将实时显示拍摄 / 短片拍摄开关拨至■，然后按START/STOP按钮。

❸ 进入到实时显示拍摄状态，屏幕上将实时显示图像。点击右上角的Q图标。

❹ 点击选择左上方的创意滤镜图标，然后点击屏幕下方 SET 图标进入效果选择界面。

❺ 上下滑动选择所需的创意滤镜效果，然后点击右方的 OK 图标确认。

❻ 点击滤镜效果等级图标，然后选择效果的强度。设置完成后，即可用所设定的效果拍摄照片。

高手点拨：如果不想在设定时实时显示创意滤镜的图像效果，可以在步骤❶之后按Q按钮显示速控屏幕，然后选择"创意滤镜"选项进入设置。如果想在创意滤镜模式下，录制个性风格的短片，可以在步骤❷时将实时显示拍摄/短片拍摄开关拨至'■，然后按Q按钮进入设置。

高手点拨：在■、■HDR、■HDR、■HDR、■5种模式下，无法设置滤镜效果等级。在■模式下，可以按▲或▼方向键将白框移动到想要图像清晰的区域，按⊕按钮可以切换白框的垂直和水平方向。

● 颗粒黑白（■）：在此模式下，相机将创建有颗粒噪点效果的黑白照片。用户可以调节反差程度以改变黑白效果。

● 柔焦（😊）：在此模式下，相机将创建柔和光线照射效果的照片。用户可以调节画面柔和的程度。

● 玩具相机效果（📷）：在此模式下，相机将创建四角暗淡且色彩鲜明的玩具相机照片效果。用户可以调节画面的色调效果。

● 水彩画效果（🖌）：在此模式下，相机将创建像水彩画效果一样的照片。通过调整滤镜效果可以控制色彩密度。

● 微缩景观效果（🏯）：在此模式下，相机将创建使被摄体更加生动而背景被虚化，如微缩景观模型一样的照片。用户可以选择保留清晰区域的位置。

● 鱼眼效果（🐟）：在此模式下，相机将模拟鱼眼镜头的效果。由于会扩大图像的中央部分，因此在拍摄时，需要将拍摄主体放置在画面中央。

● HDR 标准绘画风格（🎨HDR）：在此模式下，相机将创建高光部分与阴影部分细节丰富，且有着绘画效果的 HDR 照片，并且被摄体轮廓会呈现明亮或黑暗的边缘。

● HDR 浓艳绘画风格（🎨HDR）：使用此模式拍摄的照片，色彩将会比"HDR 标准绘画风格"更加饱和。

● HDR 油画风格（🎨HDR）：使用此模式拍摄出的照片，色彩更加饱和，如同油画一般浓郁。

● HDR 浮雕画风格（🎨HDR）：此模式拍摄出的照片，看起来像褪色的旧照片，并且被摄体轮廓将有明亮或黑暗的边缘。

● 回忆（🎬）：在此模式下，相机将录制画面周边较暗、整体柔和、具有回忆氛围的短片。用户可以修改整体饱和度以及沿画面边缘的黑暗区域。

● 梦幻（🎬）：在此模式下，相机将录制具有梦幻氛围的短片。用户可以通过调整沿画面边缘的模糊区域，来控制画面的柔和、梦幻氛围。

● 老电影（🎬）：使用此模式录制的短片，画面的顶部和底部将被黑色遮挡，并且图像中有波形、划痕和闪烁效果，类似于老电影的氛围。用户可以修改画面的波形和划痕效果。

● 黑白分明（🎬）：使用此模式录制的短片，画面呈现为高反差黑白效果。用户可以调整颗粒及黑白效果。

● 微缩景观效果短片（🎬）：使用此模式录制的短片，具有微缩模型效果。用户可以选择保留清晰区域的位置。

高级曝光模式

　　高级曝光模式允许摄影师根据拍摄题材和表现意图自定义大部分甚至全部的拍摄参数，从而获得个性化的画面效果，下面分别讲解 Canon EOS 90D 相机高级曝光模式的功能及使用技巧。

程序自动曝光模式 P

　　在此拍摄模式下，相机基于一套算法来确定光圈与快门速度组合。通常，相机会自动选择一个适合手持拍摄并且不受相机抖动影响的快门速度，同时还会调整光圈以得到合适的景深，确保所有景物都能清晰呈现。

　　如果使用的是 EF 镜头，相机会自动获知镜头的焦距和光圈范围，并据此信息确定最优曝光组合。使用程序自动曝光模式拍摄时，摄影师仍然可以手动设置 ISO 感光度、白平衡、曝光补偿等参数。此模式的最大优点是操作简单、快捷，适合拍摄快照或那些不用十分注重曝光控制的场景，例如新闻、纪实摄影或进行偷拍、自拍等。

　　但在实际拍摄中，相机自动选择的曝光设置未必是最佳组合。例如，摄影师可能认为按此快门速度手持拍摄不够稳定，或者希望用更大的光圈，此时可以利用程序偏移功能进行调整。

　　在 P 模式下，半按快门按钮，然后转动主拨盘直到显示所需要的快门速度或光圈数值，虽然光圈与快门速度数值发生了变化，但这些数值组合在一起仍然能够获得同样的曝光量。在操作时，如果向右旋转主拨盘可以获得模糊背景细节的大光圈（低 F 值）或"锁定"动作的高速快门曝光组合；如果向左旋转主拨盘可获得增加景深的小光圈（高 F 值）或模糊动作的低速快门曝光组合。

▶ 使用程序自动曝光模式可方便地进行抓拍。『焦距：85mm ┆ 光圈：F2 ┆ 快门速度：1/1600s ┆ 感光度：ISO200』

▲ 设定方法
按住模式转盘解锁按钮并同时旋转模式转盘，可选择程序自动模式。在程序自动模式下，用户可以通过转动主拨盘来选择快门速度和光圈的不同组合。

 高手点拨：如果快门速度"8000"和最小光圈闪烁，表示曝光过度，此时可以降低ISO感光度或使用中灰（ND）滤镜，以减少镜头的进光量。

 高手点拨：如果快门速度"30""和最大光圈闪烁，表示曝光不足，此时可以提高ISO感光度或使用闪光灯。

快门优先曝光模式 Tv

在此拍摄模式下，用户可以转动主拨盘从 30 秒至 1/8000 秒之间选择所需快门速度，然后相机会自动计算光圈的大小，以获得正确的曝光组合。

较高的快门速度可以凝固瞬间动作或者移动中的主体；较慢的快门速度可以形成模糊效果，从而获得动感效果。

▲ 设定方法

按住模式转盘解锁按钮并同时旋转模式转盘，选择快门优先模式。在快门优先曝光模式下，可以转动主拨盘 🔆 调整快门速度数值。

▲ 用快门优先曝光模式抓拍水鸟捕食的精彩瞬间。『焦距：400mm ⋮ 光圈：F5.6 ⋮ 快门速度：1/2500s ⋮ 感光度：ISO400 』

高手点拨：如果最大光圈值闪烁，则表示曝光不足。需要转动主拨盘设置较低的快门速度，直到光圈值停止闪烁；也可以通过设置一个较高的ISO感光度数值来解决此问题。

高手点拨：如果最小光圈值闪烁，则表示曝光过度。需要转动主拨盘设置较高的快门速度，直到光圈值停止闪烁；也可以通过设置一个较低的ISO感光度数值来解决此问题。

▲ 用快门优先曝光模式将溪水拍出如丝般柔顺的效果。『焦距：50mm ⋮ 光圈：F14 ⋮ 快门速度：1/2s ⋮ 感光度：ISO100 』

光圈优先曝光模式 Av

在光圈优先曝光模式下，相机会根据当前设置的光圈大小自动计算出合适的快门速度。使用光圈优先曝光模式可以控制画面的景深，在同样的拍摄距离下，光圈越大，则景深越小，即画面中的前景与背景的虚化效果就越好；反之，光圈越小，则景深越大，即画面中的前景与背景的清晰度就越高。

▲ 设定方法

按住模式转盘解锁按钮并同时旋转模式转盘，选择光圈优先模式。在光圈优先曝光模式下，可以转动主拨盘调节光圈数值。

▲ 使用光圈优先曝光模式并配合大光圈的运用，可以得到非常漂亮的背景虚化效果，这也是人像摄影中很常见的一种组合方式。『焦距：85mm ┊ 光圈：F2 ┊ 快门速度：1/200s ┊ 感光度：ISO160』

▲ 使用小光圈拍摄风光，画面有足够大的景深，前景与后景都能清晰呈现。『焦距：24mm ┊ 光圈：F11 ┊ 快门速度：2s ┊ 感光度：ISO100』

 高手点拨：当光圈过大而导致快门速度超出了相机的极限时，如果仍然希望保持该光圈大小，可以尝试降低ISO感光度的数值，或使用中灰滤镜降低光线的进入量，从而保证画面曝光准确。

全手动曝光模式 M

在全手动曝光模式下，所有拍摄参数都需要摄影师手动进行设置，使用此模式拍摄有以下优点。

首先，使用 M 挡全手动曝光模式拍摄时，当摄影师设置好恰当的光圈、快门速度数值后，即使移动镜头进行再次构图，光圈与快门速度的数值也不会发生变化。

其次，使用其他曝光模式拍摄时，往往需要根据场景的亮度，在测光后进行曝光补偿；而在 M 挡全手动曝光模式下，由于光圈与快门速度的数值都是由摄影师设定的，在设定的同时就可以将曝光补偿考虑在内，从而省略了曝光补偿的设置过程。因此，在全手动曝光模式下，摄影师可以按自己的想法让影像曝光不足，以使照片显得较暗，给人忧伤的感觉；或者让影像稍微过曝，拍摄出明快的照片。

另外，当在摄影棚拍摄并使用频闪灯或外置非专用闪光灯时，由于无法使用相机的测光系统，而需要使用测光表或通过手动计算来确定正确的曝光值，此时就需要手动设置光圈和快门速度，从而实现正确的曝光。

▶ 在影楼中拍摄人像时常使用全手动曝光模式，由于光线稳定，基本上不需要调整光圈和快门速度，只需要改变焦距和构图即可。『焦距：50mm ┊ 光圈：F4 ┊ 快门速度：1/200s ┊ 感光度：ISO320』

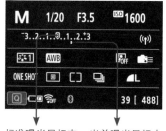

标准曝光量标志　　当前曝光量标志

高手点拨：在改变光圈或快门速度时，曝光量标志会左右移动，当曝光量标志位于标准曝光量标志的位置时，能获得相对准确的曝光。

▲ 设定方法

在全手动曝光模式下，转动主拨盘 可以调节快门速度值，转动速控转盘 可以调节光圈值。

B门曝光模式

B门曝光模式在 Canon EOS 90D 的模式转盘上显示为"B"。将模式转盘转至 B 位置后，注视液晶屏的同时转动主拨盘或速控转盘设置所需的光圈值，持续地完全按下快门按钮将使快门一直处于打开状态，直到松开快门按钮时快门才被关闭，即完成整个曝光过程，因此曝光时间取决于快门按钮被按下与被释放的过程。

由于使用这种曝光模式拍摄时，可以实现长时间曝光，因此特别适合拍摄光绘、天体、焰火等需要长时间曝光并手动控制曝光时间的题材。

需要注意的是，使用 B 门模式拍摄时，为了避免所拍摄的照片模糊，应该使用三脚架及遥控快门线辅助拍摄，若不具备这些条件，至少也要将相机放置在平稳的水平面上。

在使用 Canon EOS 90D 相机的 B 门模式拍摄时，可以在"B门定时器"菜单中，预设 B 门的曝光时间，设置好后按下快门按钮，相机将开始曝光，在曝光期间可以松开手而不需要一直按住快门，以减少操作相机的抖动，当曝光达到所设定的时间后，则结束拍摄。

▲ 这幅拍摄了 24 分钟的照片，捕捉到了星星运动的轨迹，而如此长的曝光时间，也只有在 B 门模式下才可以完成。『焦距：35mm┊光圈：F7.1┊快门速度：1440s┊感光度：ISO100』

▲ 设定方法

按住模式转盘解锁按钮并同时旋转模式转盘，选择 B 门曝光模式。在 B 门曝光模式下，可以转动主拨盘调节光圈数值。

↓ 设定步骤

❶ 在拍摄菜单 5 中选择 B 门定时器选项。

❷ 选择启用选项，然后点击 INFO.详细设置图标进入调节曝光时间界面。

❸ 点击所需数字框，然后点击▲或▼图标设定数值，设定完成后选择确定选项。

自定义拍摄模式（C）

Canon EOS 90D 相机提供了两个自定义拍摄模式，即 C1、C2。在 C 模式下，相机会使用用户自定义的拍摄参数进行拍摄，可自定义的拍摄参数包括拍摄模式、ISO 感光度、自动对焦模式、自动对焦点、测光模式、图像画质、白平衡等。

可以事先将这些拍摄参数设置好，以应对某一特定的拍摄题材。例如，若经常需要拍摄夜景，则可以将拍摄模式设置为 B 门、开启长时间曝光降噪功能、色温调整至 2800K，这样就能够轻松地拍摄出画面纯净、灯光璀璨的蓝调夜景照片。

▲ 自定义拍摄模式图标

▼ 将拍摄高调雪景需要的参数定义到 C1 模式上，以便于下一次快速调用相同的参数进行拍摄。『焦距：20mm ┊ 光圈：F10 ┊ 快门速度：1/80s ┊ 感光度：ISO400』

注册自定义拍摄模式

Canon EOS 90D 相机提供了 2 个自定义拍摄模式，摄影师可以使用这个自定义拍摄模式，快速拍摄固定题材的照片。

在注册时，先要在相机中设定好要注册到 C 模式中的参数，如拍摄模式、曝光组合、ISO 感光度、自动对焦模式、自动对焦点、测光模式、驱动模式、曝光补偿量、闪光补偿量等。然后，按右图所示的操作步骤进行操作即可。

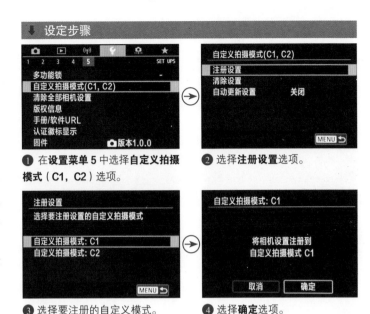

❶ 在**设置菜单 5** 中选择**自定义拍摄模式**（**C1，C2**）选项。

❷ 选择**注册设置**选项。

❸ 选择要注册的自定义模式。

❹ 选择**确定**选项。

清除设置

如果要重新设置 C 模式注册的参数，可以先将其清除，其操作方法如右图所示。

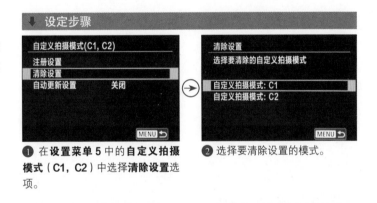

❶ 在**设置菜单 5** 中的**自定义拍摄模式**（**C1，C2**）中选择**清除设置**选项。

❷ 选择要清除设置的模式。

自动更新设置

若将"自动更新设置"选项设置为"启用"，则在使用自定义拍摄模式时，用户所修改的拍摄参数将自动保存至当前的自定义拍摄模式中。

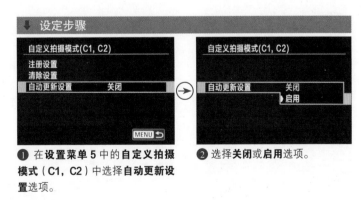

❶ 在**设置菜单 5** 中的**自定义拍摄模式**（**C1，C2**）中选择**自动更新设置**选项。

❷ 选择**关闭**或**启用**选项。

第5章 拍出佳片必须
掌握的高级曝光技巧

通过柱状图判断曝光是否准确

柱状图的作用

柱状图是相机曝光所捕获的影像色彩或影调的信息，是一种能够反映照片曝光情况的图示。通过查看柱状图所呈现的信息，可以帮助拍摄者判断曝光情况，并以此做出相应调整，以得到最佳曝光效果。另外，采用即时取景模式拍摄时，查看柱状图可以检测画面的成像效果，给拍摄者提供重要的曝光信息。

很多摄影师都会陷入这样一个误区，看到显示屏上的影像很棒，便以为真正的曝光结果也会不错，但事实并非如此。这是由于很多相机的显示屏处于出厂时的默认状态，显示屏的对比度和亮度都比较高，令摄影师误以为拍摄到的影像很漂亮，倘若不看柱状图，往往会感觉画面的曝光正合适，但在计算机屏幕上观看时，却发现在相机上查看时感觉还不错的画面，暗部层次却丢失了，即使使用后期处理软件挽回部分细节，效果也不是太好。

因此，在拍摄时要随时查看照片的柱状图，这是唯一值得信赖的判断照片曝光是否正确的依据。

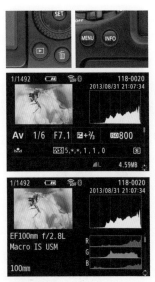

▲ 设定方法

按播放按钮并转动速控转盘选择照片，然后按 INFO. 按钮切换至拍摄信息显示界面，即可查看照片的柱状图，按▼方向键可以查看 RGB 柱状图。

 高手点拨：柱状图只是我们评价照片曝光是否准确的重要依据，而非评价好照片的依据。在特殊的表现形式下，曝光过度或曝光不足都可以呈现出独特的视觉效果，因此不能以此作为评价照片优劣的标准。

柱状图呈现出山峰一样的形态，主峰位于中间，且不存在死黑或死白的区域，说明此照片为曝光正常图像。『焦距：50mm｜光圈：F11｜快门速度：1/15s｜感光度：ISO100』

利用柱状图分区判断曝光情况

下面这张图标示出了柱状图的每个分区和图像亮度之间的关系，像素堆积在柱状图左侧或者右侧的边缘则意味着部分图像是超出柱状图范围的。其中右侧边缘出现黑色线条表示照片中有部分像素曝光过度，摄影师需要根据情况调整曝光参数，以避免照片中出现大面积曝光过度的区域。如果第 8 分区或者更高的分区有大量黑色线条，代表图像有部分较亮的高光区域，而且这些区域是有细节的。

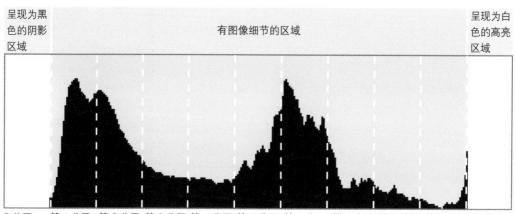

呈现为黑色的阴影区域　　有图像细节的区域　　呈现为白色的高亮区域

0 分区　第 1 分区　第 2 分区　第 3 分区　第 4 分区　第 5 分区　第 6 分区　第 7 分区　第 8 分区　第 9 分区　第 10 分区

▲ 数码相机的区域系统

分区序号	说明	分区序号	说明
0分区	黑色	第6分区	色调较亮、色彩柔和
第1分区	接近黑色	第7分区	明亮、有质感，但是色彩有些苍白
第2分区	有些许细节	第8分区	有少许细节，但基本上呈模糊苍白的状态
第3分区	灰暗、细节呈现效果不错，但是色彩比较模糊	第9分区	接近白色
第4分区	色调和色彩都比较暗	第10分区	纯白色
第5分区	中间色调、中间色彩		

▲ 柱状图分区说明表

要注意的是，0 分区和第 10 分区分别指黑色和白色，虽然在柱状图中的区域大小与第 1~9 区相同，但实际上它只是代表直方图最左边（黑色）和最右边（白色），没有限定的边界。

认识 3 种典型的柱状图

柱状图的横轴表示亮度等级（从左至右对应从黑到白），纵轴表示图像中各种亮度像素数量的多少，峰值越高，则表示这个亮度的像素数量越多。

所以，拍摄者可通过观看柱状图的显示状态来判断照片的曝光情况，若出现曝光不足或曝光过度，调整曝光参数后再进行拍摄，即可获得一张曝光准确的照片。

▲ 曝光过度

曝光过度的柱状图

当照片曝光过度时，画面中会出现大片白色的区域，很多细节都丢失了，反映在柱状图上就是像素主要集中于横轴的右端（最亮处），并出现像素溢出现象，即高光溢出，而左侧较暗的区域则无像素分布，故该照片在后期无法补救。

▲ 曝光准确

曝光准确的柱状图

当照片曝光准确时，画面的影调较为均匀，且高光、暗部和阴影处均无细节丢失，反映在柱状图上就是在整个横轴上从左端（最暗处）到右端（最亮处）都有像素分布，后期可调整的余地较大。

曝光不足的柱状图

当照片曝光不足时，画面中会出现无细节的黑色区域，丢失了过多的暗部细节，反映在柱状图上就是像素主要集中于横轴的左端（最暗处），并出现像素溢出现象，即暗部溢出，而右侧较亮区域少有像素分布，故该照片在后期也无法补救。

▲ 曝光不足

辩证地分析柱状图

在使用柱状图判断照片的曝光情况时，不能生搬硬套前面所讲述的理论，因为高调或低调照片的柱状图看上去与曝光过度或曝光不足的柱状图很像，但照片并非曝光过度或曝光不足，这一点从右边及下面展示的两张照片及其相应的柱状图中就可以看出来。

因此，检查柱状图后，要视具体拍摄题材和所想要表现的画面效果，灵活调整曝光参数。

▲ 柱状图中的线条主要分布在右侧，但这幅作品是典型的高调人像照片，所以应与其他曝光过度照片的柱状图区别看待。『焦距：50mm ┊ 光圈：F3.5 ┊ 快门速度：1/1000s ┊ 感光度：ISO200』

▲ 这是一幅典型的低调效果照片，画面中暗调面积较大，直方图中的线条主要分布在左侧，但这是摄影师刻意追求的效果，与曝光不足有本质上的不同

设置曝光补偿让曝光更准确

曝光补偿的含义

相机的测光是基于 18% 中性灰建立的。由于单反相机的测光主要是由景物的平均反光率确定的，而除了反光率比较高的场景（如雪景、云景）及反光率比较低的场景（如煤矿、夜景），其他大部分场景的平均反光率都在 18% 左右，这一数值正是灰度为 18% 物体的反光率。因此，可以简单地将相机的测光原理理解为：当所拍摄场景中被摄物体的反光率接近于 18% 时，相机就会做出正确的测光。

所以，在拍摄一些极端环境，如较亮的白雪场景或较暗的弱光环境时，相机的测光结果就是错误的，此时就需要摄影师通过调整曝光补偿来得到想要的拍摄结果，如下图所示。

通过调整曝光补偿数值，可以改变照片的曝光效果，从而使拍摄出来的照片传达出摄影师的表现意图。例如，通过增加曝光补偿，使照片轻微曝光过度以得到柔和的色彩与浅淡的阴影，赋予照片轻快、明亮的效果；或者通过减少曝光补偿，使照片变得阴暗。

在拍摄时，是否能够主动运用曝光补偿技术，是判断一位摄影师是否真正理解摄影的光影奥秘的依据之一。

曝光补偿通常用类似"±nEV"的方式来表示。"EV"是指曝光值，"+1EV"是指在自动曝光的基础上增加 1 挡曝光；"−1EV"是指在自动曝光的基础上减少 1 挡曝光，以此类推。Canon EOS 90D 的曝光补偿范围为 −5.0~+5.0EV，可以以 1/3EV 或 1/2EV 为单位对曝光进行调整。

▲ 设定方法

在 P、Tv、Av 模式下，半按快门查看取景器曝光量指示标尺，然后转动速控转盘⊚即可调节曝光补偿值。

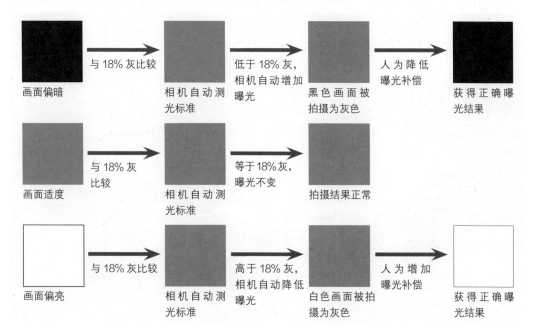

画面偏暗 —（与 18% 灰比较）→ 相机自动测光标准 —（低于 18% 灰，相机自动增加曝光）→ 黑色画面被拍摄为灰色 —（人为降低曝光补偿）→ 获得正确曝光结果

画面适度 —（与 18% 灰比较）→ 相机自动测光标准 —（等于 18% 灰，曝光不变）→ 拍摄结果正常

画面偏亮 —（与 18% 灰比较）→ 相机自动测光标准 —（高于 18% 灰，相机自动降低曝光）→ 白色画面被拍摄为灰色 —（人为增加曝光补偿）→ 获得正确曝光结果

增加曝光补偿还原白色雪景

很多摄影初学者在拍摄雪景时,往往会把白色拍摄成灰色,主要原因就是在拍摄时没有设置曝光补偿。

由于雪对光线的反射十分强烈,因此会导致相机的测光结果出现较大的偏差。而如果能在拍摄前增加一挡左右的曝光补偿(具体曝光补偿的数值要视雪景的面积而定,雪景面积越大,曝光补偿的数值也应越大),就可以拍摄出美丽洁白的雪景。

▲ 在拍摄时增加 1 挡曝光补偿,使雪的颜色显得洁白无瑕。『焦距:40mm ┊光圈:F7.1 ┊快门速度:1/200s ┊感光度:ISO200』

降低曝光补偿还原纯黑

当拍摄主体位于黑色背景前时,按相机默认的测光结果拍摄,黑色的背景往往会显得有些灰旧。为了得到纯黑的背景,需要使用曝光补偿功能来适当降低曝光量,以此来得到想要的效果(具体曝光补偿的数值要视暗调背景的面积而定,面积越大,曝光补偿的数值也应越大)。

在拍摄时减少了 0.3 挡曝光补偿,从而获得了纯色的背景,使花朵在画面中显得特别突出。『焦距:200mm ┊光圈:F5.6 ┊快门速度:1/160s ┊感光度:ISO100』

正确理解曝光补偿

许多摄影初学者在刚接触曝光补偿时，以为使用曝光补偿就可以在曝光参数不变的情况下，提亮或加暗画面，这个想法是错误的。

实际上，曝光补偿是通过改变光圈或快门速度来提亮或加暗画面的，即在光圈优先曝光模式下，如果想要增加曝光补偿，相机实际上是通过降低快门速度来实现的；减少曝光补偿，则通过提高快门速度来实现。在快门优先曝光模式下，如果想要增加曝光补偿，相机实际上是通过增大光圈来实现的（当光圈达到镜头所标示的最大光圈时，曝光补偿就不再起作用）；减少曝光补偿，则通过缩小光圈来实现。

下面通过展示两组照片及其拍摄参数来佐证这一点。

▲ 焦距：50mm 光圈：F3.2 快门速度：1/8s 感光度：ISO100 曝光补偿：−0.3

▲ 焦距：50mm 光圈：F3.2 快门速度：1/6s 感光度：ISO100 曝光补偿：0

▲ 焦距：50mm 光圈：F3.2 快门速度：1/4s 感光度：ISO100 曝光补偿：+0.3

▲ 焦距：50mm 光圈：F3.2 快门速度：1/2s 感光度：ISO100 曝光补偿：+0.7

从上面展示的 4 张照片中可以看出，在光圈优先曝光模式下，调整曝光补偿实际上是改变了快门速度。

▲ 焦距：50mm 光圈：F4 快门速度：1/4s 感光度：ISO100 曝光补偿：−0.3

▲ 焦距：50mm 光圈：F3.5 快门速度：1/4s 感光度：ISO100 曝光补偿：0

▲ 焦距：50mm 光圈：F3.2 快门速度：1/4s 感光度：ISO100 曝光补偿：+0.3

▲ 焦距：50mm 光圈：F2.5 快门速度：1/4s 感光度：ISO100 曝光补偿：+0.7

从上面展示的 4 张照片中可以看出，在快门优先曝光模式下，调整曝光补偿实际上是改变了光圈大小。

EOS 90D

Q：为什么有时即使不断增加曝光补偿，所拍摄出来的画面仍然没有变化？

A：发生这种情况，通常是由于曝光组合中的光圈值已经达到了镜头的最大光圈限制。

使用包围曝光拍摄光线复杂的场景

包围曝光是指通过设置一定的曝光变化范围，然后分别拍摄曝光不足、曝光正常与曝光过度 3 张照片的拍摄技法。例如将其设置为 ±1EV 时，即代表分别拍摄减少 1 挡曝光、正常曝光和增加 1 挡曝光的照片，从而兼顾画面的高光、中间调及暗部区域的细节。Canon EOS 90D 相机支持在 ±2EV 之间以 1/3EV 为单位调节包围曝光。

什么情况下应该使用包围曝光

如果拍摄现场的光线很难把握，或者拍摄的时间很短暂，为了避免曝光不准确而失去这次难得的拍摄机会，可以使用包围曝光功能来确保万无一失。此时可以设置包围曝光，使相机针对同一场景连续拍摄出 3 张曝光量略有差异的照片。每一张照片曝光量具体相差多少，可由摄影师自己确定。在具体拍摄过程中，摄影师无须调整曝光量，相机将根据设置自动在第一张照片的基础上增加、减少一定的曝光量拍摄出另外两张照片。

按此方法拍摄出来的三张照片中，总会有一张是曝光相对准确的照片，因此使用包围曝光功能能够提高拍摄的成功率。

自动包围曝光设置

默认情况下，使用包围曝光功能可以（按 3 次快门或使用连拍功能）拍摄 3 张照片，得到增加曝光量、正常曝光量和减少曝光量 3 种不同曝光结果的照片。

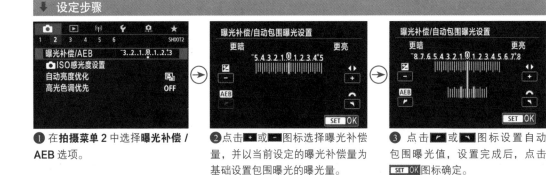

↓ 设定步骤

❶ 在**拍摄菜单 2** 中选择**曝光补偿 / AEB** 选项。

❷ 点击 ➕ 或 ➖ 图标选择曝光补偿量，并以当前设定的曝光补偿量为基础设置包围曝光的曝光量。

❸ 点击 ➡ 或 ⬅ 图标设置自动包围曝光值，设置完成后，点击 **SET OK** 图标确定。

为合成 HDR 照片拍摄素材

对于风光、建筑等题材而言，可以使用包围曝光功能拍摄出不同曝光结果的照片，并进行后期的 HDR 合成，从而得到高光、中间调及暗部都具有丰富细节的照片。

使用 CameraRaw 合成 HDR 照片

在本例中，由于环境的光比较大，因此拍摄了 4 张不同曝光的 RAW 格式照片，以分别显示出高光、中间调及暗部的细节，这是合成 HDR 照片的必要前提，它们的质量会对合成结果产生很大的影响，而且 RAW 格式的照片本身具有极高的宽容度，能够合成出更好的 HDR 效果，然后只需要按照下述步骤在 Adobe CameraRAW 中进行合成并调整即可。

❶ 在 Photoshop 中打开要合成 HDR 的 4 幅照片，并启动 CameraRaw 软件。

❷ 在左侧列表中选中任意一张照片，按 Ctrl+A 组合键选中所有的照片。按 Alt+M 组合键，或单击列表右上角的菜单按钮≡，在弹出的菜单中选择"合并到 HDR"选项。

❸ 在经过一定的处理过程后，将显示"HDR 合并预览"对话框，通常情况下，以默认参数进行处理即可。

❹ 单击"合并"按钮，在弹出的对话框中选择文件保存的位置，并以默认的 DNG 格式进行保存，保存后的文件会与之前的素材在一起，显示在左侧的列表中。

❺ 至此，HDR 照片的合成就已经完成，摄影师可根据需要，在其中适当调整曝光及色彩等属性，直至满意为止。

▲ 选择"合并到 HDR"选项

▲ "HDR 合并预览"对话框

📷 **高手点拨：** 虽然Canon EOS 90D 具有在机身内部直接合成HDR照片的功能，但与专业的图像处理软件相比，该功能仍显得过于简单，因此，如果希望合成出效果更优秀的HDR照片，专业的图像处理软件仍然是首选。

设置自动包围曝光拍摄顺序

"包围曝光顺序"菜单用于设置自动包围曝光和白平衡包围曝光的顺序。

选择一种顺序之后，拍摄时将按照这一顺序进行拍摄。在实际拍摄中，更改包围曝光顺序并不会对拍摄结果产生影响，用户可以根据自己的习惯进行设置。

● 0, -, +：选择此选项，相机就会按照第一张标准曝光量、第二张减少曝光量、第三张增加曝光量的顺序进行拍摄。

● -, 0, +：选择此选项，相机就会按照第一张减少曝光量、第二张标准曝光量、第三张增加曝光量的顺序进行拍摄。

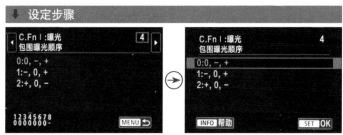

❶ 在**自定义功能菜单**中选择 **C.Fn I：曝光**选项，点击◀或▶图标选择 **C.Fn I：曝光（4）包围曝光顺序**选项。

❷ 选择一个包围曝光顺序选项，然后点击 SET OK 图标确定。

● +, 0, -：选择此选项，相机就会按照第一张增加曝光量、第二张标准曝光量、第三张减少曝光量的顺序进行拍摄。

如果开启了白平衡包围功能，则选择不同拍摄顺序选项时拍出照片的效果如下表所示。

自动包围曝光	白平衡包围曝光	
	B/A 方向	M/G 方向
0：标准曝光量	0：标准白平衡	0：标准白平衡
-：减少曝光量	-：蓝色偏移	-：洋红色偏移
+：增加曝光量	+：琥珀色偏移	+：绿色偏移

设置包围曝光拍摄数量

在 Canon EOS 90D 中，进行自动包围曝光及白平衡包围曝光拍摄时，可以在"包围曝光拍摄数量"菜单中指定要拍摄的数量。

在下面的表格中，以选择"0, -, +"包围曝光顺序且包围曝光等级增量为 1EV 为例，列出了选择不同拍摄张数时各照片的曝光差异。

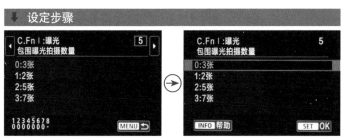

❶ 在**自定义功能菜单**中选择 **C.Fn I：曝光**选项，点击◀或▶图标选择 **C.Fn I：曝光（5）包围曝光拍摄数量**选项。

❷ 选择一个拍摄数量选项，然后点击 SET OK 图标确定。

	第 1 张	第 2 张	第 3 张	第 4 张	第 5 张	第 6 张	第 7 张
3 张	标准（0）	-1	+1	–	–	–	–
2 张	标准（0）	±1	–	–	–	–	–
5 张	标准（0）	-2	-1	+1	+2	–	–
7 张	标准（0）	-3	-2	-1	+1	+2	+3

利用 HDR 模式直接拍出 HDR 照片

HDR 模式的原理是通过连续拍摄 3 张正常曝光量、增加曝光量以及减少曝光量的影像，然后由相机进行高动态影像合成，从而获得暗调、中间调与高光区域都具有丰富细节的照片，甚至还可以获得类似油画、浮雕画等特殊的影像效果。

调整动态范围

此菜单用于控制是否启用 HDR 模式，以及在开启此功能后的动态范围。

● 关闭 HDR：选择此选项，将禁用 HDR 模式。

● 自动：选择此选项，将由相机自动判断合适的动态范围，然后以适当的曝光增减量进行拍摄并合成。

● ±1~±3：选择 ±1、±2 或 ±3 选项，可以指定合成时的动态范围，即分别拍摄正常、增加和减少 1/2/3 挡曝光的图像，并进行合成。

❶ 在**拍摄菜单 4** 中选择 **HDR 模式**选项。　❷ 选择**调整动态范围**选项。　❸ 选择 HDR 的动态范围。

效果

在此菜单中可以选择合成 HDR 图像时的影像效果，包括如下 5 个选项。

● 自然：选择此选项，可以在均匀显示画面暗调、中间调及高光区域图像的同时，保持画面为类似人眼看到的视觉效果。

● 标准绘画风格：选择此选项，画面中的反差更大，色彩的饱和度也会较真实场景高一些。

● 浓艳绘画风格：选择此选

❶ 在**拍摄菜单 4** 中，选择 **HDR 模式**中的**效果**选项。　❷ 选择不同的合成效果。

项，画面中的反差和饱和度都很高，尤其在色彩上显得更为鲜艳。

● 油画风格：选择此选项，画面的色彩比浓艳绘画风格更强烈。

● 浮雕画风格：选择此选项，画面的反差极大，在图像边缘的位置会产生明显的亮线，因而具有一种物体发出轮廓光的效果。

连续 HDR

在此选项中可以设置是否连续多次使用 HDR 模式。

● 仅限 1 张：选择此选项，将在拍摄完成一张 HDR 照片后，自动关闭此功能。

● 每张：选择此选项，将一直保持 HDR 模式的开启状态，直至摄影师手动将其关闭为止。

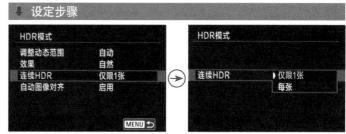

设定步骤

❶ 在**拍摄菜单 4** 的 **HDR 模式**中，选择**连续 HDR** 选项。

❷ 选择**仅限 1 张**或**每张**选项。

自动图像对齐

在拍摄 HDR 照片时，即使使用连拍模式，也不能确保每张照片都是完全对齐的，手持相机拍摄时更容易出现图像之间错位的现象，此时可以启用此选项。

● 启用：选择此选项，在合成 HDR 图像时，相机会自动对齐各个图像，因此在拍摄 HDR 图像时，建议启用"自动图像对齐"功能。

● 关闭：选择此选项，将关闭"自动图像对齐"功能，若拍摄的 3 张照片中有位置偏差，则合成后的照片可能会出现重影现象。

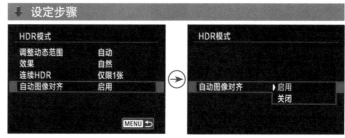

设定步骤

❶ 在**拍摄菜单 4** 的 **HDR 模式**中，选择**自动图像对齐**选项。

❷ 选择**启用**或**关闭**选项。

▲ 启用自动图像对齐功能，得到没有错位的 HDR 照片

利用曝光锁定功能锁定曝光值

利用曝光锁定功能可以在测光期间锁定曝光值。此功能的作用是，允许摄影师针对某一个特定区域进行对焦，而对另一个区域进行测光，从而拍摄出曝光正常的照片。

Canon EOS 90D 的曝光锁定按钮在机身上显示为 "✳"。使用曝光锁定功能的方便之处在于，即使我们松开半按快门的手，重新进行对焦、构图，只要一直按住曝光锁定按钮，那么相机还是会以刚才锁定的曝光参数进行曝光。

进行曝光锁定的操作方法如下：

❶ 对准选定区域进行测光，如果该区域在画面中所占比例很小，则应靠近被摄物体，使其充满取景器的中央区域。

❷ 半按快门，此时在取景器中会显示一组光圈和快门速度组合数据。

❸ 释放快门，按曝光锁定按钮✳，相机会记住刚刚得到的曝光值。

❹ 重新对景物进行构图、对焦，完全按下快门即可完成拍摄。

在默认设置下，只有保持按住✳按钮才锁定曝光，在重新构图时有时候不方便，此时可以在"自定义控制按钮"菜单中，将"自动曝光锁按钮"的功能指定为"自动曝光锁（保持）"选项，这样就可以按一下✳按钮锁定曝光，当快门释放或再次按一下✳按钮时即解除锁定曝光，摄影师可以更灵活、方便地改变焦距构图或切换对焦点的位置。

▲ Canon EOS 90D 的曝光锁定按钮

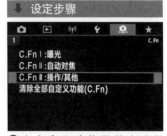

❶ 在**自定义功能**菜单中选择 **C.Fn Ⅲ：操作 / 其他**选项。

❷ 选择 **C.Fn Ⅲ：操作 / 其他（3）自定义控制按钮**菜单。

❸ 选择 ✳（自动曝光锁按钮）选项。

❹ 选择 ✳ʜ **自动曝光锁（保持）**选项，然后点击 SET OK 图标确定。

▲ 先对人物的面部进行测光，锁定曝光并重新构图后再进行拍摄，从而保证面部获得正确的曝光。『焦距：50mm ┊光圈：F2.8 ┊快门速度：1/200s ┊感光度：ISO250』

利用自动亮度优化同时表现高光与阴影区域细节

通常在拍摄光比较大的画面时容易丢失细节，最终画面中会出现亮部过亮、暗部过暗或明暗反差较大的情况，此时就可以启用"自动亮度优化"功能对照片进行不同程度的校正。

例如，在直射明亮的阳光下拍摄时，拍出的照片中容易出现较暗的阴影与较亮的高光区域，启用"自动亮度优化"功能，可以确保所拍出照片中的高光区域和阴影区域的细节不会丢失，因为此功能会使照片的曝光稍欠一些，有助于防止照片的高光区域完全变白而显示不出任何细节，同时还能够避免因为曝光不足而使阴影区域中的细节丢失。

在 Canon EOS 90D 中，可以通过设置"在 M 和 B 模式下关闭"选项，控制使用 M 挡全手动曝光模式和 B 门曝光模式拍摄时，是否禁用"自动亮度优化"功能，如果按**INFO.**按钮取消此选项前面的√号，则允许在 M 挡全手动曝光模式和 B 门曝光模式下设置不同的自动亮度优化选项。

Q：为什么有时无法设置自动亮度优化？

A：如果在"拍摄菜单 2"中将"高光色调优先"设置为"启用"，则自动亮度优化设置将被自动取消。

在实际拍摄时，先将"高光色调优先"设置为"关闭"，才可以启用"自动亮度优化"功能。

EOS 90D

❶ 在**拍摄菜单 2** 中选择**自动亮度优化**选项。

❷ 点击可选择不同的优化强度，点击 INFO 图标可勾选或取消勾选**在 M 或 B 模式下关闭**选项。

▲ 启用"自动亮度优化"功能后，画面中的高光区域与阴影区域的细节还是较为丰富的。『焦距：24mm ┊光圈：F22 ┊快门速度：0.8s ┊感光度：ISO100』

利用高光色调优先增加高光区域细节

　　"高光色调优先"功能可以有效地增加高光区域的细节,使灰度与高光之间的过渡更加平滑。这是因为开启这一功能后,可以使拍摄时的动态范围从标准的18%灰度扩展到高光区域。

　　启用"高光色调优先"功能后,将会在液晶显示屏和取景器中显示"**D+**"符号,相机可以设置的ISO感光度范围也变为ISO200~ISO25600。但是,使用该功能拍摄时,画面中的噪点可能会更加明显。

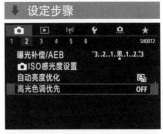

❶ 在**拍摄菜单2**中选择**高光色调优先**选项。

❷ 选择所需的选项,然后点击 SET OK 图标确定。

▲ 使用"高光色调优先"功能可将画面的过渡表现得更加自然、平滑。『焦距:85mm ┆光圈:F2.8 ┆快门速度:1/500s ┆感光度:ISO400』

未开启

开启

▲ 这两幅图是启用"高光色调优先"功能前后拍摄的局部画面对比,从中可以看出,启用此功能后,画面很好地表现了高光区域的细节

利用多重曝光获得蒙太奇画面

利用 Canon EOS 90D 的"多重曝光"功能，可以进行 2~9 次曝光拍摄，并将多次曝光拍摄的照片合并成为一张图像。如果用实时显示拍摄模式拍摄多重曝光图像，甚至可以一边拍摄一边观看合成效果。

开启或关闭多重曝光

此菜单用于控制是否启用"多重曝光"功能。

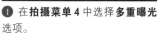

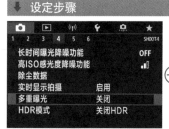  

❶ 在**拍摄菜单 4** 中选择**多重曝光**选项。　❷ 选择**多重曝光**选项。　❸ 选择**启用**或**关闭**选项。

 高手点拨：在多重曝光拍摄期间，"自动亮度优化""高光色调优先"和"镜头像差校正"功能将被关闭。另外，为第一次曝光设定的图像记录画质、ISO感光度、照片风格、高ISO感光度降噪和色彩空间等设置会被继续延用在后续的拍摄中。

改变多重曝光照片的叠加合成方式

在此菜单中可以选择合成多重曝光照片时的算法，包括"加法"和"平均"两个选项。

● 加法：选择此选项，每一次拍摄的单张曝光的照片会被叠加在一起。

● 平均：选择此选项，将在每次拍摄单张照片时，自动控制其背景的曝光，以获得标准的曝光结果。

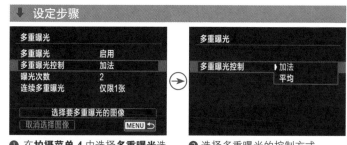

❶ 在**拍摄菜单 4** 中选择**多重曝光**选项，然后再选择**多重曝光控制**选项。　❷ 选择多重曝光的控制方式。

设置多重曝光次数

在此菜单中，可以设置多重曝光拍摄时的曝光次数，可以选择2~9次。通常情况下，2~3次曝光就可以满足绝大部分的拍摄需求。

 高手点拨：设置的张数越多，则合成的画面中产生的噪点也越多。

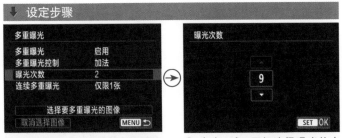

❶ 在**拍摄菜单4**中选择**多重曝光**选项，然后再选择**曝光次数**选项。

❷ 点击▲或▼图标选择曝光的次数，然后点击 SET OK 图标确定。

▶将曝光次数设置为"2"，拍摄了一张实焦和一张动态虚焦的树枝照片，两张照片结合以后，画面非常有动感

连续多重曝光

在此菜单中可以设置是否连续多次使用"多重曝光"功能。

● 仅限1张：选择此选项，将在完成一次多重曝光拍摄后，自动关闭此功能。

● 连续：选择此选项，将一直保持多重曝光功能的开启状态，直至摄影师手动将其关闭为止。

❶ 在**拍摄菜单4**中选择**多重曝光**选项，然后再选择**连续多重曝光**选项。

❷ 选择仅限1张或连续选项。

Q：在多重曝光拍摄期间自动关闭电源功能是否会生效？

A：在多重曝光拍摄期间，自动关闭电源功能无效。在开始多重曝光拍摄之前，自动关闭电源功能将按照设定执行。

EOS 90D

用存储卡中的照片进行多重曝光

Canon EOS 90D 允许摄影师从存储卡中选择一张照片，然后再通过拍摄的方式进行多重曝光，而选择的照片也会占用一次曝光次数。例如在设置曝光次数为 3 时，除了从存储卡中选择的照片外，还可以再拍摄两张照片用于多重曝光图像的合成。

 高手点拨： 此功能中只可以选择 RAW 图像，无法选择 JPEG 图像。

▼ 设定步骤

❶ 在**拍摄菜单 4** 中选择**多重曝光**选项，然后再选择**启用**选项。

❷ 选择**选择要多重曝光的图像**选项。

❸ 选择要进行多重曝光的图像，然后点击 SET 图标，并在确认界面中点击**确定**按钮。

❹ 拍摄一张照片后，曝光次数随之减 1，拍摄完成后，相机会自动合成这些照片，形成多重曝光效果。

▼ 合成后的具有多重曝光效果的照片，画面风格别具一格，具有强烈的视觉冲击力

利用间隔定时器功能进行延时摄影

延时摄影又称"定时摄影"，即利用相机的"间隔拍摄"功能，每隔一定的时间拍摄一张照片，最终形成一组照片，用这些照片生成的视频能够呈现出电视上经常看到的花朵开放、城市变迁、风起云涌的效果。

例如，一朵花的开放约需三天三夜共72小时，但如果每半小时拍摄一个画面，顺序记录开花的过程，需拍摄144张照片，当把这些照片生成视频并以正常帧频率放映时（每秒24幅），在6秒钟之内即可重现花朵三天三夜的开放过程，能够给人强烈的视觉震撼。延时摄影通常用于拍摄城市风光、自然风景、天文现象、生物演变等题材。

⬇ 设定步骤

❶ 在**拍摄菜单5**中选择**间隔定时器**选项。

❷ 选择**启用**选项，然后点击**INFO.详细设置**图标进入详细设置界面。

❸ 选择间隔时间框或张数框，然后点击▲或▼图标选择间隔时间及拍摄的张数，设定完成后选择**确定**选项。

使用 Canon EOS 90D 进行延时摄影要注意以下几点。

● 驱动模式需设定为除"自拍"以外的其他模式。

● 不能使用自动白平衡，而需要通过手动调色温的方式设置白平衡。

● 一定要使用三脚架进行拍摄，否则在最终生成的视频短片中就会出现明显的跳动画面。

● 将对焦方式切换为手动对焦。

● 按短片的帧频与播放时长来计算需要拍摄的照片张数，例如，按25fps拍摄一个播放10秒的视频短片，就需要拍摄250张照片，而在拍摄这些照片时，彼此之间的时间间隔则是可以自定义的，可以是1分钟，也可以是1小时。

● 为防止从取景器进入的光线干扰曝光，拍摄时需关闭取景器接目镜。

▲ 利用间隔定时器功能记录下了睡莲绽放的过程

使用 Wi-Fi 功能拍摄的三大优势

自拍时摆造型更自由

　　使用手机自拍，虽然操作方便、快捷，但效果不尽如人意。而使用数码微单相机自拍时，虽然效果很好，但操作起来却很麻烦。通常在拍摄前要选好替代物，以便于相机锁定焦点，在拍摄时还要准确地站立在替代物的位置，否则有可能导致焦点不实，更不用说还存在是否能捕捉到最灿烂笑容的问题。

　　但如果使用 Canon EOS 90D 相机的 Wi-Fi 功能，则可以很好地解决这一问题。只要将智能手机注册到 Canon EOS 90D 相机的 Wi-Fi 网络中，就可以将相机液晶显示屏中显示的影像，以直播的形式显示到手机屏幕上。这样在自拍时就能够很轻松地确认自己有没有站对位置、脸部是否摆在最漂亮的角度、笑容够不够灿烂等，通过手机屏幕观察后，就可以直接用手机控制快门进行拍摄。

　　在拍摄时，首先要用三脚架固定相机；然后再找到合适的背景，通过手机观察自己所站的位置是否合适，自由地摆出个人喜好的造型，并通过手机确认姿势和构图；最后通过操作手机控制释放快门完成拍摄。

▼ 使用 Wi-Fi 功能可以在较远的距离进行自拍，不用担心自拍延时时间不够用，又省去了来回奔跑看照片的麻烦，最方便的是可以有更充足的时间摆好姿势。『焦距：70mm ┆光圈：F4 ┆快门速度：1/400s ┆感光度：ISO400』

在更舒适的环境下遥控拍摄

在野外拍摄星轨的摄友，大多都体验过刺骨的寒风和蚊虫的叮咬。这是由于拍摄星轨通常都需要长时间曝光，而且为了避免受到城市灯光的影响，拍摄地点通常选择在空旷的野外。因此，虽然拍摄的成果令人激动，但拍摄的过程的确是一种煎熬。

利用 Canon EOS 90D 相机的 Wi-Fi 功能可以很好地解决这一问题。只要将智能手机注册到 Canon EOS 90D 相机的 Wi-Fi 网络中，摄影师就可以在遮风避雨的拍摄场所，如汽车内、帐篷中，通过智能手机进行拍摄。

这一功能对于喜好天文和野生动物摄影的摄友而言，绝对值得尝试。

◀ 拍摄星轨题材最考验摄影师的耐心，使用 Wi-Fi 功能后摄影师便可以在帐篷中或汽车内边看手机边拍摄，更加方便、舒适。『焦距：24mm ┊光圈：F10 ┊快门速度：2517s ┊感光度：ISO200 』

以特别的角度轻松拍摄

虽然，Canon EOS 90D 的液晶屏幕是可翻折屏幕，但如果以较低的角度拍摄时，仍然不是很方便，利用 Canon EOS 90D 相机的 Wi-Fi 功能可以很好地解决这一问题。

当需要以非常低的角度拍摄时，可以在拍摄位置固定好相机，然后通过智能手机的实时显示的画面查看图像并释放快门。即使在拍摄时需要将相机贴近地面进行拍摄，拍摄者也只需站在相机的旁边，通过手机控制，轻松、舒适地抓准时机进行拍摄。

除了在非常低的角度进行拍摄外，当需要以一个非常高的角度进行拍摄时，也可以使用这种方法。

通过智能手机遥控 Canon EOS 90D 的操作步骤

在智能手机上安装 Camera Connect

使用智能手机遥控 Canon EOS 90D 相机时，需要在智能手机中安装 Camera Connect 程序。Camera Connect 可在 Canon EOS 90D 相机与智能设备之间建立双向无线连接，连接后可将使用相机所拍的照片下载至智能设备，也可以在智能设备上显示照相机镜头视野从而远程遥控照相机。

如果使用的是苹果手机，可从 AppStore 下载安装 Camera Connect 的 iOS 版本；如果所使用手机的操作系统是安卓系统，则可以从豌豆荚、91 手机助手等 App 下载网站下载 Camera Connect 的安卓版本。

▲ Camera Connect 程序图标

在相机上进行相关设置

如果要将智能手机与 Canon EOS 90D 相机的 Wi-Fi 连接起来，需要先在相机菜单中对 Wi-Fi 功能进行一定的设置，具体操作流程如下：

启用 Wi-Fi 功能

在这个步骤中，要完成的任务是在相机中开启 Wi-Fi 功能，以及设置在连接时是否需要密码。

注册昵称

在这个步骤中，要完成的工作是为 Canon EOS 90D 的 Wi-Fi 网络注册一个昵称，以便于在智能手机搜索无线网络后，能够在显示的无线网络列表中，凭借此昵称方便地找到 Canon EOS 90D 的 Wi-Fi 网络。

① 在 **Wi-Fi 功能菜单**中选择 **Wi-Fi 设置**选项。

② 选择 **Wi-Fi** 选项。

③ 选择**启用**选项，然后点击 SET OK 图标确认。

④ 若在步骤②中选择了**密码**选项，在此界面中选择是否需要在连接时使用密码。

设定步骤

① 在 **Wi-Fi 功能菜单**中选择**昵称**选项。

② 显示注册昵称界面，点击文字或符号输入昵称，输入完成后点击 MENU OK 图标确认。

连接至智能手机

在这个步骤中，要完成的任务是将 Canon EOS 90D 的 Wi-Fi 网络连接设备选择为智能手机，并且选择连接方法，以显示网络的 8 位密钥。

下面讲解的是显示密码的形式进行连接操作，如果在"**Wi-Fi 设置**"中将"**密码**"设置为"**无**"，则步骤❻的屏幕上不会显示密码，将以无密码的方式进行连接。

↓ 设定步骤

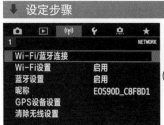

❶ 在 **Wi-Fi 功能菜单**中选择 **Wi-Fi/蓝牙连接**选项。

❷ 点击连接至智能手机图标。

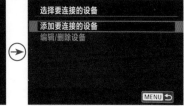

❸ 在此界面中选择**添加要连接的设备**选项。

❹ 如果手机已安装了软件，点击选择**不显示**选项，如未安装，则选择手机所用的系统选项，然后用手机扫描屏幕上显示的二维码，进行软件的下载与安装。

❺ 点击连接手机的方式，在此以选择**通过 Wi-Fi 连接**选项为例。

❻ 显示 SSID 名称与 8 位密钥，此时需操作手机连接。

利用智能手机搜索无线网络

完成上述步骤的设置工作后，在这一步骤中需要启用智能手机的 Wi-Fi 功能，并接入 Canon EOS 90D 的 Wi-Fi 网络。

↓ 设定步骤

❶ 开启智能手机的 Wi-Fi 功能，并搜索名字中带 EOS 90D 的无线网络。

❷ 在密码输入框中输入相机上显示的 8 位密钥。

❸ 连接成功后的状态。

在手机上查看及传输照片

完成前面的操作步骤后，从智能手机的主菜单中启动 Camera Connect 软件，以开始与相机建立连接。通过 Camera Connect 软件，可以将存储卡中的照片显示到智能手机上，用户可以查看并传输到手机中，从而实现即拍即分享。

设定步骤

❶ 在手机上打开软件，将搜索到相机型号，点击所显示的型号开始建立连接。

❷ 在相机上点击确定选项。

❸ 连接成功后，点击界面中**相机上的图像**图标。

❹ 将以缩略图的形式显示相机上的照片，点击红框所在的图标，可以进入设置页。

❺ 在设置界面中，用户可以设定传输照片的文件大小、格式等。

❻ 在缩略图界面，按住照片片刻，然后为想要传输的照片添加勾选标志，选好后点击红框所在的下载图标。

❼ 将开始传输图像到手机，传输完成后即可在手机相册中找到该照片。

用智能手机进行遥控拍摄

　　使用 Wi-Fi 功能将 Canon EOS 90D 相机连接到智能手机后，点击 Camera Connect 软件上的"遥控实时显示拍摄"即可启动实时显示遥控功能，智能手机屏幕将实时显示相机的画面，用户还可以在拍摄前进行设置，如光圈、快门速度、ISO、曝光补偿、驱动模式、白平衡模式等参数。

⬇ 设定步骤

❶ 在连接上相机Wi-Fi网络的情况下，选择软件界面中**遥控实时显示拍摄**选项。

❷ 点击红色框所在的图标可以显示设置界面。

❸ 在设置界面中，用户可以进行相应的功能设置。

❹ 在拍摄界面，可以对曝光组合、白平衡模式、驱动模式等常用参数进行设置。

❺ 例如点击了快门速度图标，在下方显示的快门速度刻衡中，可以滑动选择所需的快门速度值。

❻ 例如点击了白平衡图标，在上方显示的详细选项中，可以选择所需的白平衡模式。

❼ 点击图中红色框所在的图标，可以切换为短片拍摄模式。

❽ 在短片拍摄界面中，除了可以在下方设置常用的参数，还可以对短片尺寸、录音等选项进行设置。

第 6 章 Canon EOS 90D 实时显示与高清视频拍摄技巧

光学取景器拍摄与实时取景显示拍摄原理

数码单反相机的拍摄方式有两种，一种是使用光学取景器拍摄的传统方法，另一种是使用实时取景显示模式进行拍摄。实时取景显示拍摄最大的特点是将屏幕作为取景器，而且还使实时面部优先自动对焦和手动进行精确对焦成为可能。

光学取景器拍摄原理

光学取景器拍摄是指摄影师通过数码相机上方的光学取景器观察景物并进行拍摄的过程。

光学取景器拍摄的工作原理是：光线通过镜头射入机身内部的反光镜上，然后反光镜把光线反射到五棱镜上，拍摄者通过五棱镜上反射回来的光线就可以直接查看被摄对象。因为采用这种方式拍摄时，人眼看到的景物和相机看到的景物基本上是一致的，所以误差较小。

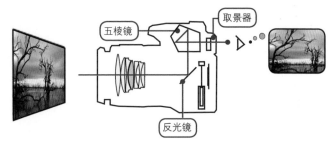

▲ 光学取景器拍摄原理示意图

实时取景显示拍摄原理

实时取景显示拍摄是指摄影者通过数码相机上的屏幕观察景物并进行拍摄的过程。

其工作原理是：当位于镜头和图像感应器之间的反光镜处于抬起状态时，光线通过镜头后，直接射向图像感应器，图像感应器把捕捉到的光线作为图像数据传送至屏幕，并且显示在屏幕上。这种显示模式，更有利于摄影师对各种设置进行调整和模拟曝光。

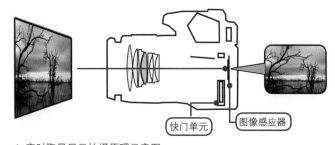

▲ 实时取景显示拍摄原理示意图

实时显示拍摄的特点

能够使用更大的屏幕进行观察

　　实时显示拍摄能够直接将屏幕作为取景器使用，由于屏幕的尺寸比光学取景器要大很多，所以能够显示100%视野率的清晰图像，从而更加方便观察被摄景物的细节。拍摄时摄影师也不用再将眼睛紧贴着相机，构图也变得更加方便。

易于精确合焦以保证照片更清晰

　　由于实时显示拍摄可以将对焦点位置的图像放大，所以拍摄者在拍摄前就可以确定照片的对焦点是否准确，从而保证拍摄得到的照片更加清晰。

▲ 以酒瓶作为对焦点，对焦时放大观察对焦点是否准确，从而拍摄出清晰的照片

具有实时面部优先拍摄的功能

　　实时显示拍摄具有实时面部优先的功能，当使用此模式拍摄时，相机能够自动检测画面中人物的面部，并且对人物的面部进行对焦。对焦时会显示对焦框，如果画面中的人物不止一个，就会出现多个对焦框，可以在这些对焦框中任意选择希望合焦的面部。

▲ 使用实时面部优先模式，能够轻松地拍摄出面部清晰的人像

能够对拍摄的图像进行曝光模拟

　　使用实时显示模式拍摄时，不但可以通过屏幕查看被摄景物，还能够在屏幕上反映出不同参数设置带来的明暗和色彩变化。例如，可以通过设置不同的测光模式并观察画面亮度的变化，以从中选择出最合适的测光模式。这种所见即所得的测光选择方式，最适合入门级摄影爱好者，可以更加直观地感受到不同测光模式所带来的画面曝光的变化，从而准确地选择所要使用的测光模式。

▲ 在屏幕上改变测光模式，画面的亮度会随之改变

实时显示模式典型应用案例

微距摄影

对于微距摄影而言，是否清晰是评判照片是否成功的标准之一，微距花卉摄影也不例外。由于微距照片的景深都很浅，所以，在进行微距花卉摄影时，对焦是影响照片成功的关键因素。

为了保证焦点清晰，比较稳妥的对焦方法是把焦点位置的图像放大后，检查最终的合焦位置，然后释放快门。这种把焦点位置图像放大的方法，在使用实时显示模式拍摄时可以很轻易实现。

在实时显示模式下，使用多功能控制钮1或多功能控制钮2将对焦框移至想放大查看的位置，然后不断按放大按钮，即可将屏幕中的图像依次以1倍、5倍、10倍的显示倍率进行放大，以检查拍摄的照片是否准确合焦。

▲ 使用实时显示模式拍摄时屏幕的显示状态

▲ 按一次放大按钮，以5倍的显示倍率显示当前拍摄对象时屏幕的显示状态

▲ 再次按放大按钮后，以10倍的显示倍率显示当前拍摄对象时屏幕的显示状态

商品摄影

商品摄影对图片质量的要求非常高，照片中焦点的位置、清晰的范围以及画面的明暗都应该是摄影师认真考虑的问题，这些都需要经过耐心调试和准确控制才能获得。使用实时显示模式拍摄时，拍摄前就可以预览拍摄完成后的效果，所以可以更好地控制照片的细节。

▲ 开启实时显示模式后屏幕的显示效果

▲ 放大至5倍时的显示效果

▲ 放大至10倍时的显示效果，食品的细节清晰可见，因此可以进行精确的合焦拍摄

人像摄影

　　拍出有神韵人像照片的秘诀是对焦于被摄者的眼睛，保证眼睛的位置在画面中是最清晰的。使用光学取景器拍摄时，由于对焦点较小，因此如果拍摄的是全景人像，可能会由于模特的眼睛在画面中所占的面积较小，而造成对焦点偏移，最终导致画面中最清晰的位置不是眼睛，而是眉毛或眼袋等位置。

　　如果使用实时显示模式拍摄，则出错的概率要小许多，因为在拍摄时可以放大画面来仔细观察对焦位置是否正确。

▲ 利用实时显示模式拍摄，可以将人物的眼睛拍得非常清晰。『焦距：200mm ┊光圈：F8 ┊快门速度：1/200s ┊感光度：ISO100』

▲ 在拍摄人像时，人物的眼睛一般都会成为焦点，使用实时显示模式拍摄并把眼睛的局部放大，可以确保画面中眼睛足够清晰

实时显示拍摄功能

开启实时显示拍摄功能

在 Canon EOS 90D 相机中，如果想开启实时显示拍摄功能，应先将实时显示拍摄 / 短片拍摄开关转至 ▢ 位置，然后按 START/STOP 按钮，此时实时显示图像将会出现在屏幕上，即可进行实时显示拍摄了。

实时显示拍摄状态下的信息

在实时显示拍摄模式下，连续按 INFO. 按钮，可以在不同的信息显示内容之间进行切换。

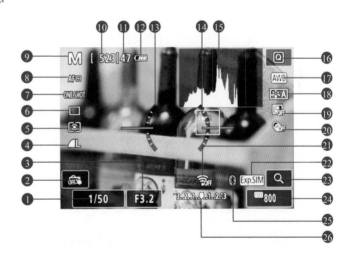

❶ 快门速度

❷ 触摸快门

❸ 光圈值

❹ 图像画质

❺ 测光模式

❻ 驱动模式

❼ 自动对焦操作

❽ 自动对焦方式

❾ 拍摄模式/场景图标

❿ 可拍摄数量/自拍前秒数

⓫ 最大连拍数量

⓬ 电池电量

⓭ 电子水准仪

⓮ 自动对焦点（单点自动对焦）

⓯ 柱状图

⓰ 速控按钮

⓱ 白平衡/白平衡校正

⓲ 照片风格

⓳ 自动亮度优化

⓴ 创意滤镜

㉑ Wi-Fi功能

㉒ 曝光模拟

㉓ 放大按钮

㉔ ISO感光度

㉕ 蓝牙功能

㉖ 曝光量指示标尺

设置实时显示拍摄参数

自动对焦方式

在此菜单中可以选择使用实时显示拍摄模式时最适合拍摄环境或者拍摄主体的自动对焦模式。

除了可以使用菜单设置自动对焦模式外，还可以在实时取景状态下按田按钮，然后每按一下田按钮便切换一种自动对焦方式。

● Ｌ + 追踪（ＬＥＥ）：选择此选项，可以让相机优先对被摄人物的脸部进行对焦，但需要让被摄人物面对相机，即使在拍摄过程中被摄人物的面部发生了移动，自动对焦点也会移动以追踪面部。当相机检测到人的面部时，会在要对焦的脸上标出Ｌ自动对焦点。如果检测到多个面部，将显示《Ｌ》，使用◀或▶方向键或点击屏幕的方式选择要对焦的面部。

● 定点自动对焦（回）：选择此选项，相机将只用一个覆盖范围很窄小的自动对焦点对画面进行对焦(比单点自动对焦的对焦区域更小)，使用多功能控制钮1、多功能控制钮2或者点击屏幕的方式选择要对焦的位置。此对焦模式适合拍摄需要精确对焦的画面。

● 单点自动对焦（□）：选择此选项，相机将只用一个自动对焦点对画面进行对焦，适合拍摄人像、静物、花卉等对焦要求精细的题材。使用多功能控制钮1、多功能控制钮2或者点击屏幕的方式选择要对焦的位置。

● 区域自动对焦（[ ]）：选择此选项，用户可以选择区域框的位置，在拍摄时所选对焦区域框中的自动对焦点会自动对画面进行对焦，相比单点自动对焦模式对焦更容易。在此模式下，相机会优先对焦最近的被拍摄对焦，如果所选对焦区域框中有人物面部，会优先对焦面部。

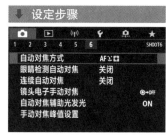

❶ 在**拍摄菜单 6** 中选择**自动对焦方式**选项。

❷ 选择一种对焦模式。

▲ 在速控屏幕中选择**AF**ＬＥＥ图标（Ｌ + 追踪）模式的状态。

▲ 在速控屏幕中选择□图标（单点自动对焦）模式的状态

▲ 在速控屏幕中选择[ ]图标（区域自动对焦）模式的状态

▲ 在速控屏幕中选择回图标（定点自动对焦）模式的状态

眼睛检测自动对焦

在拍摄人像时，一般都针对眼睛进行对焦，以保证人物的眼睛是画面中最清晰的，为此 Canon EOS 90D 相机提供了"眼睛检测自动对焦"功能，其作用就是在 ⚄ + 追踪自动对焦方式下拍摄人像时，只要相机识别到画面中有面部或眼睛，相机便会对人物的眼睛进行对焦。因此，这个功能在时间紧急的情况下拍摄人像照片时非常方便，可以省去调节自动对焦点的操作。

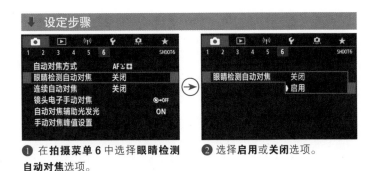

❶ 在**拍摄菜单 6** 中选择**眼睛检测自动对焦**选项。

❷ 选择**启用**或**关闭**选项。

▶ 拍摄正面人像照片时，使用"眼睛检测自动对焦"功能非常有效。『焦距：50mm ┊光圈：F2.8 ┊快门速度：1/100s ┊感光度：ISO100』

对焦包围拍摄

在拍摄静物商品，如淘宝商品时，一般需要画面内容是全部清晰的，但有时即使缩小光圈，也不能保证画面每个部分的清晰度一样，此时，便可以使用全景深的方法拍摄，然后通过后期处理得到画面全部清晰的照片。

全景深即指画面的每一处都是清晰的，要想得到全景深照片，需要先拍摄多张针对不同位置对焦的照片，然后再利用后期软件进行合成。

以前拍摄不同位置对焦的素材相片需要手动调整，操作上较为烦琐，而 Canon EOS 90D 相机提供了方便实用的功能——对焦包围拍摄。该功能是在实时显示拍摄模式下，拍摄用于全景深合成的一组素材照片。利用"对焦包围拍摄"菜单，用户可以事先设置好拍摄张数、对焦增量、曝光平滑化等参数，从而让相机自动连续拍摄得到一组照片，省去了人工调整对焦点的操作。

该功能对微距、静物商业摄影非常有用，解决了微调对焦的问题，不过不能在机内将照片合成为一张全景深照片，仍需后期在软件中进行合成。

↓ 设定步骤

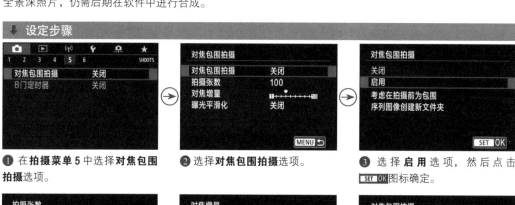

① 在**拍摄菜单 5** 中选择**对焦包围拍摄**选项。

② 选择**对焦包围拍摄**选项。

③ 选择**启用**选项，然后点击 SET OK 图标确定。

 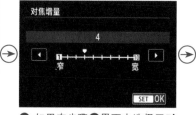 

④ 如果在步骤②界面中选择了**拍摄张数**选项，在此界面中选择所需的拍摄张数，设定好后选择**确定**选项。

⑤ 如果在步骤②界面中选择了**对焦增量**选项，在此界面中指定对焦偏移的程度，然后点击 SET OK 图标确定。

⑥ 如果在步骤②界面中选择了**曝光平滑化**选项，在此界面中可以选择**启用**或**关闭**选项。

● 对焦包围拍摄：选择此选项可以启用或关闭对焦包围拍摄功能。

● 拍摄张数：可以选择拍摄张数，最高可设为 999 张，根据所拍摄的画面的复杂程度选择合适的拍摄张数即可。

● 对焦增量：指定每次拍摄中对焦偏移的量。点击◀图标向窄端移动游标，可以缩小焦距步长；点击▶图标向宽端移动游标，可以增加焦距步长。

● 曝光平滑化：选择"启用"选项，可以调整因改变对焦位置而使用的实际光圈值带来的曝光差异，抑制对焦包围拍摄期间画面亮度的变化。

视频拍摄基础

视频拍摄功能是数码相机的标准配置。现在许多数码相机不仅能够拍摄全高清视频，而且还能够动态追焦，使被摄对象在画面中始终保持清晰状态，Canon EOS 90D 便是一款搭载了强大视频拍摄功能的数码单反相机。它支持 4K 全高清、高帧频、HDR、创意滤镜等强大的视频拍摄功能，以及拥有 5 轴防抖、手动对焦峰值、短片伺服自动对焦等辅助视频拍摄功能。

视频格式标准

标清、高清与全高清的概念源于数字电视的工业标准，但随着使用摄像机、数码相机拍摄的视频逐渐增多，其渐渐成了这两个行业的视频格式标准。

标清是指物理分辨率在 720p 以下的一种视频格式，分辨率在 400 线左右的 VCD、DVD、电视节目等视频均属于"标清"格式。

物理分辨率达到 720p 以上的视频格式称作高清，简称为 HD。

所谓全高清（FULL HD），是指物理分辨率达到 1920×1080 的视频格式，包括 1080i 和 1080p，其中 i 是指隔行扫描，p 代表逐行扫描，这两者在画面的精细度上有很大的差别，1080p 的画质要胜过 1080i。

4K 的分辨分为两种，一种是针对高清电视使用的 QFHD 标准，分辨率为 3840×2160，是全高清的四倍；还有一种是针对数字电影使用的 DCI 4K 标准，分辨率为 4096×2160。由于 4K 视频拥有超高分辨率，因而能比标准、高清或全高清视频获得更震撼的视觉感受。

拍摄视频短片的基本设备

存储卡

短片拍摄占据的存储空间比较大，尤其是拍摄 4K 超高清短片，更需要大容量、高存储速度的存储卡。根据佳能测试，如果使用 Canon EOS 90D 相机录制 4K 视频，至少应该使用 UHS-I Speed Class 3 或更高的存储卡才能够进行正常的短片拍摄及回放，而且存储卡的容量越大越好。

镜头

与拍摄照片一样，拍摄短片时也可以更换镜头，佳能 EF 系列的所有镜头均可用于短片拍摄，甚至是更早期的手动镜头，只要它可以安装在 Canon EOS 90D 相机上，那么仍旧可以大显身手。

麦克风

如果录制的视频属于普通纪录性质，可以使用相机内置的麦克风。但如果希望收录噪音更小、音质更好的声音，需要使用专业的外接麦克风。

脚架

与专业的摄像设备相比，使用数码单反相机拍摄短片时最容易出现的一个问题，就是在手动变焦的时候容易引起画面的抖动，因此，一个坚固的三脚架是保证画面平稳的不可或缺的器材。如果执着于使用相机拍摄短片，那么甚至可以购置一个质量好的视频控制架。

拍摄视频短片的基本流程

使用 Canon EOS 90D 相机拍摄短片的操作比较简单，下面列出一个短片拍摄的基本流程：

❶ 如果希望手动控制短片的曝光量，可将拍摄模式切换为 M 挡，否则将拍摄模式设置为除 M 挡、SCN、❷之外的其他拍摄模式，以便于相机自动对拍摄场景进行曝光控制。

❷ 在相机背面的右上方将"实时显示拍摄 / 短片拍摄"开关转至短片拍摄位置。

❸ 在拍摄短片前，可以先通过自动或手动的方式对主体进行对焦。

❹ 按 START/STOP 按钮，即可开始录制短片。

▲ 切至短片拍摄模式

▲ 在拍摄前，可以先半按快门进行自动对焦，或者转动镜头对焦环进行手动对焦

▲ 按 START/STOP 按钮，将开始录制短片，此时会在屏幕右上角显示一个红色的圆

短片拍摄状态下的信息显示

在短片拍摄模式下，连续按 INFO 按钮，可以在不同的信息显示内容之间进行切换。

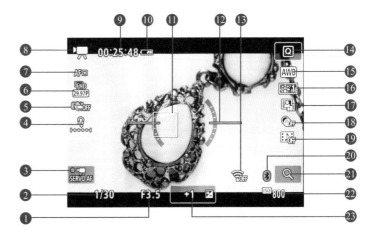

❶ 光圈值

❷ 快门速度

❸ 短片伺服自动对焦

❹ 耳机音量

❺ 短片数码IS

❻ 短片记录尺寸

❼ 自动对焦方式

❽ 短片记录模式/延时短片/场景图标

❾ 可用的短片记录时间/已记录时间

❿ 电池电量

⓫ 自动对焦点（单点自动对焦）

⓬ 电子水准仪

⓭ Wi-Fi功能

⓮ 速控图标

⓯ 白平衡/白平衡校正

⓰ 照片风格

⓱ 自动亮度优化

⓲ 创意滤镜

⓳ 视频快照

⓴ 蓝牙功能

㉑ 放大按钮

㉒ ISO感光度

㉓ 曝光补偿

设置视频短片拍摄相关参数

短片拍摄菜单需要切换至短片拍摄模式下才会显示出来，其中还包括了一些与实时显示拍摄时相同的设置，在下面的讲解中，将不再重述。

短片记录画质

设置短片记录尺寸

"短片记录画质"包含短片记录尺寸、高帧频以及 4K 短片裁切 3 个选项。通过调整"短片记录尺寸"选项，用户可以设置短片的图像尺寸、帧频、压缩方法。短片将被记录为 MP4 格式。

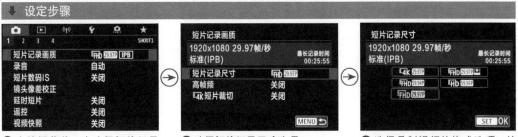

❶ 在**拍摄菜单 1** 中选择**短片记录画质**选项。

❷ 选择**短片记录尺寸**选项。

❸ 选择录制视频的格式选项，然后点击 SET OK 图标确定。

设置 4K 视频录制

Canon EOS 90D 在视频方面的一大亮点就是支持 4K 视频录制。在 4K 视频录制模式下，用户可以最高录制帧频为 30P、文件无压缩的超高清视频。

如果将"4K 短片裁切"设置为"启用"选项时，则可以记录围绕屏幕的中央进行裁切的短片，因拍摄视角会变得狭窄，可以获得如同远摄镜头的拍摄效果。

还有一个有意思的功能，当全屏回放 4K 视频时，用户可以按 SET 按钮显示短片的回放面板，在此面板中用户可以从短片中选择约 830 万像素的静态照片进行保存。

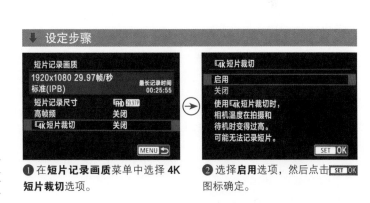

❶ 在**短片记录画质**菜单中选择 **4K 短片裁切**选项。

❷ 选择**启用**选项，然后点击 SET OK 图标确定。

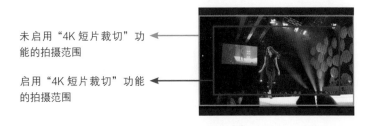

未启用"4K 短片裁切"功能的拍摄范围 ◄

启用"4K 短片裁切"功能的拍摄范围 ◄

设置高帧频视频录制

在FHD画质视频录制模式下，用户还可以使用 Canon EOS 90D 相机的另一个视频功能——高帧频录制。

启用高帧频录制功能后，能够以 119.88 帧 / 秒或 100 帧 / 秒的高帧频拍摄短片，然后在回放短片时，将以慢动作的形式回放，从而获得更加有趣的视觉效果。

不过需要注意的是，在高帧频录制模式下，画面只记录屏幕中央区域的裁切短片，并且无法使用短片伺服自动对焦和短片数码 IS 功能，在拍摄期间，自动对焦也不会起作用。

全高清视频的拍摄范围 ←

高帧频视频的拍摄范围 ←

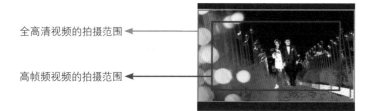

⬇ 设定步骤

❶ 在**短片记录画质**菜单中选择**高帧频**选项。

🔽

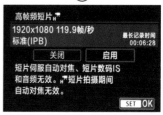

❷ 选择**启用**选项，然后点击 SET OK 图标确定。

短片记录画质选项说明表		
图像大小		
🎬4K	🎬FHD	🎬HD
4K 超高清画质。记录尺寸为 3840×2160，长宽比约为16：9	全高清画质。记录尺寸为 1920×1080，长宽比为16：9	高清画质。记录尺寸为 1280×720。长宽比为16：9

	帧频（帧/秒）	
短片记录尺寸	119.9P 59.94P 29.97P 23.98P	100.0P 50.00P 25.00P
	分别以119.9帧/秒、59.94帧/秒、29.97帧/秒、23.98帧/秒的帧频率记录短片。适用于电视制式为NTSC的地区（北美、日本、韩国、墨西哥等）。119.9P 在启用"高帧频"功能时有效	分别以110帧/秒、50帧/秒、25帧/秒的帧频率记录短片。适用于电视制式为PAL的地区（欧洲、俄罗斯、中国、澳大利亚等）。100.0P 在启用"高帧频"功能时有效
	压缩方法	
	IPB	IPB ⬛
	一次高效地压缩多个帧进行记录	由于短片以比使用 IPB 时更低的比特率进行记录，因而文件尺寸更小，并且可以与更多回放系统兼容

高帧频	选择"启用"选项，可以在高清画质下，以119.9帧/秒或100.0帧/秒的高帧频录制短片
4K短片裁切	选择"启用"选项，可以录制画面中心区域的裁切4K视频，从而获得和拉近镜头拍摄时相同视角的画面

录音

使用相机内置的麦克风可录制单声道声音，将带有立体声微型插头（直径为 3.5mm）的外接麦克风连接至相机，则可以录制立体声。然后配合"录音"菜单中的参数设置，可以实现多样化的录音控制。

●录音：选择"自动"选项，相机将会自动调节录音音量；选择"手动"选项，可将录音音量的电平调节为 64 个等级之一，适用于高级用户；选择"关闭"选项，将不会记录声音。

●录音 / 录音电平：选择"自动"选项，录音音量将会自动调节；选择"手动"选项，可将录音音量的电平调节为

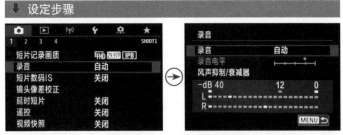

❶ 在**拍摄菜单 1** 中选择**录音**选项

❷ 点击选择不同的选项，然后在修改参数界面中，点击选择所需的设置

64 个等级之一，适用于高级用户；选择"关闭"选项，将不会记录声音。

●风声抑制 / 衰减器：选择"启用"选项，则可以降低户外录音时的风声噪音，包括某些低音调噪音（此功能只对内置麦克风有效）；在无风的场所录制时，建议选择"关闭"选项，以便能录制到更加自然的声音。在拍摄前即使将"录音"设定为"自动"或"手动"，如果有非常大的风声，仍然可能会导致声音失真，在这种情况下，建议将其设为"启用"。

短片伺服自动对焦

设为"启用"选项时，在短片拍摄期间，即使不半按快门，相机也会根据被摄对象的移动状态不断调整对焦，以保证始终对被摄对象进行对焦。

选择"关闭"选项，则只在半按快门或 AF-ON 按钮时进行对焦。

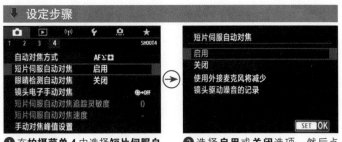

❶ 在**拍摄菜单 4** 中选择**短片伺服自动对焦**选项。

❷ 选择**启用**或**关闭**选项，然后点击 SET OK 图标确定。

短片伺服自动对焦追踪灵敏度

当录制短片时,在使用短片伺服自动对焦功能的情况下,可以在"短片伺服自动对焦追踪灵敏度"菜单中设置自动对焦追踪灵敏度。

灵敏度选项有七个等级,如果设置为偏向灵敏端的数值,那么当被摄体偏离自动对焦点时或者有障碍物从自动对焦点面前经过时,自动对焦点会对焦其他物体或障碍物;而如果设置偏向锁定端的数值,则自动对焦点会锁定被摄体,而不会轻易对焦到别的位置。

● 锁定 (-3/-2/-1):偏向锁定端,可以使相机在自动对焦点丢失原始被摄体的情况下,也不太可能追踪其他被摄体。设置的负数值越低,相机越追踪其他被摄体的概率越小。这样的设置,可以在摇摄期间或者有障碍物经过自动对焦点时,防止自动对焦点立即追踪非被摄体的其他物体。

● 敏感 (+1/+2/+3):偏向灵敏端,可以使相机在追踪覆盖自动对焦点的被摄体时更敏感。设置数值越高,则对焦越敏感。这样的设置,适用于想要持续追踪与相机之间的距离发生变化的运动被摄体时,或者要快速对焦其他被摄体时的录制场景。

⬇ 设定步骤

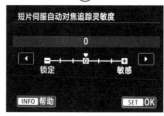

❶ 在**拍摄菜单4**中选择**短片伺服自动对焦追踪灵敏度**选项。

❷ 点击◀◀或▶▶图标选择所需的灵敏度等级,然后点击 SET OK 图标确定。

短片伺服自动对焦速度

当启用"短片伺服自动对焦"功能,并且自动对焦方式设置为"单点自动对焦"模式时,可以在"短片伺服自动对焦速度"菜单中设定,在录制短片时短片伺服自动对焦功能的对焦速度和应用条件。

● 启用条件:选择"始终开启"选项,那么在"自动对焦速度"选项中的设置,将在短片拍摄之前和在短片拍摄期间都有效;选择"拍摄期间"选项,那么在"自动对焦速度"选项中的设置仅在短片拍摄期间生效。

⬇ 设定步骤

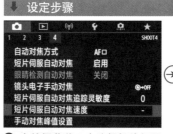

❶ 在**拍摄菜单4**中选择**短片伺服自动对焦速度**选项。

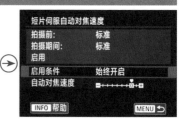

❷ 选择**启用条件**或**自动对焦速度**选项。

❸ 选择**始终开启**或**拍摄期间**选项。

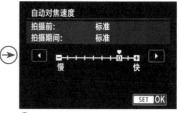

❹ 点击◀◀或▶▶图标选择切换对焦的速度,然后点击 SET OK 图标确定。

● 自动对焦速度:可以将自动对焦转变速度从标准速度调整为慢(七个等级之一)或快(两个等级之一),以获得所需的短片效果。

延时短片

利用"延时短片"功能，可以在指定的时间间隔内拍摄一张照片，然后生成一个完整的短片。这一功能与前面所讲的"间隔定时器"功能基本类似，但不同之处在于，使用此功能可以在拍摄完成后直接生成一个无声的视频短片。

设定步骤

❶ 在**拍摄菜单 1** 中选择**延时短片**选项。

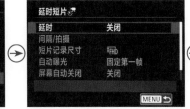

❷ 选择**延时**选项。

❸ 选择拍摄场景或**自定义**选项，然后点击 SET OK 图标确定。

❹ 启用延时短片功能后，可以对相关选项进行设置。

❺ 若在步骤❹中选择**间隔/拍摄**选项，可以对**间隔**和**张数**进行设置，设置完成后点击 SET OK 图标确定。

❻ 若在步骤❹中选择了**短片记录尺寸**选项，选择所需的选项。

❼ 若在步骤❹中选择了**自动曝光**选项，选择所需的选项。

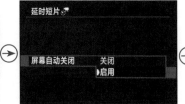

❽ 若在步骤❹中选择了**屏幕自动关闭**选项，选择**启用**或**关闭**选项。

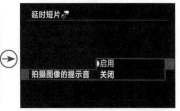

❾ 若在步骤❹中选择了**拍摄图像的提示音**选项，可以选择**启用**或**关闭**选项。

● 延时：选择"关闭"选项，则不使用延时短片功能；选择"场景 1"选项，适合拍摄移动被摄对象；选择"场景 2"选项，适合拍摄缓慢变化的对象，如云彩；选择"场景 3"选项，则适合拍摄缓慢变化的场景；选择"自定义"选项，则完全由用户自定义设置张数和拍摄间隔。

● 间隔/拍摄：可以设置拍摄间隔和张数的数值。若选择了"场景 1"～"场景 3"，这里的间隔和张数，相机会给出一个指导范围，用户适当调整即可；若选择了"自定义"选项，用户可在"00:00:02"至"99:99"之间选择拍摄间隔的时间，可在"0002"至"3600"张之间选择拍摄张数，如果设定为 3600，NTSC 模式下生成的延时短片将约为 2 分钟，PAL 模式下生成的延时短片将约为 2 分 24 秒。

● 短片记录尺寸：选择 4K 选项，则以 4K 超高清画质拍摄延时短片；选择 FHD 选项，则以全高清画质拍摄延时短片。

● 自动曝光：选择"固定第一帧"选项，拍摄第一张照片时，会根据测光自动设定曝光，首次拍摄的曝光和其他拍摄设定将被应用到后面的拍摄中；选择"每一帧"选项，每次拍摄都将根据测光自动设定合适的曝光。

● 屏幕自动关闭：选择"关闭"选项，会在延时短片拍摄期间屏幕上显示图像，不过，在开始拍摄大约30分钟后屏幕显示会关闭；选择"启用"选项，将在开始拍摄大约10秒后关闭屏幕显示。

● 拍摄图像的提示音：选择"关闭"选项，在拍摄时不会发出提示音；选择"启用"，则每次拍摄都会发出提示音。

HDR 短片

HDR 短片适用于拍摄高反差场景，其能够较好地保留场景中的高光与阴影中的细节。不过由于 HDR 的工作模式是多帧进行合并以创建 HDR 短片，所以短片的某些部分可能会有失真的现象，为了减少这种失真现象，推荐使用三脚架稳定相机拍摄。

HDR 短片记录的尺寸为 FHD 29.97P IPB（NTSC）或 FHD 25.00P IPB（PAL），并且在记录期间相机会自动调整 ISO 感光度以获得合适的曝光。

▼ 设定步骤

❶ 按住模式转盘解锁按钮并同时转动模式转盘选择 SCN 图标。

❷ 将实时显示 / 短片拍摄开关置于 ▼ 处。

❸ 屏幕上将显示图像，设置好相关参数后，按 START STOP 按钮将开始录制 HDR 短片。

短片数码 IS

Canon EOS 90D 相机在相机内配置了图像稳定器，当启用相机的"短片数码 IS"功能后，可以在短片拍摄期间以电子方式校正相机抖动，即使使用没有防抖功能的镜头，也能校正相机抖动，从而获得清晰的短片画面。

使用配备有内置光学防抖功能的镜头时，请将镜头的防抖开关置于"ON"，以获得更强大的相机防抖效果。如果镜头的防抖开关置于"OFF"，短片数码 IS 功能将不起作用。

▼ 设定步骤

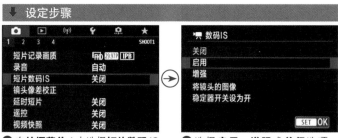

❶ 在拍摄菜单 1 中选择短片数码 IS 选项。

❷ 选择启用、增强或关闭选项，然后点击 SET OK 图标确定。

● 关闭：选择此选项，则关闭使用短片数码 IS 的图像稳定功能。

● 启用：选择此选项，在拍摄短片过程中，将会校正相机抖动以获得清晰的画面，不过图像将略微放大。

● 增强：与选择"启用"选项时相比，可以校正更严重的相机抖动，不过图像也将进一步放大。

第 7 章 Canon EOS 90D
镜头选择与使用技巧

EF 镜头名称解读

通常镜头名称中会包含很多数字和字母，EF 系列镜头采用了独立的命名体系，各数字和字母都有特定的含义，熟记这些数字和字母代表的含义，就能很快地了解一款镜头的性能。

EF 24-105mm F4 L IS USM
❶　❷　❸　❹

❶ 镜头种类

● EF

适用于 EOS 相机所有卡口的镜头均采用此标记，不仅可用于胶片单反相机，还可用于全画幅、APS-H 画幅以及 APS-C 画幅的数码单反相机。

● MP-E

最大放大倍率在 1 倍以上的 MP-E 65mm F2.8 1-5x 微距摄影镜头所使用的名称。MP 是 Macro Photo（微距摄影）的缩写。

● TS-E

可将光学结构中一部分镜片倾斜或偏移的特殊镜头的总称，也就是人们所说的"移轴镜头"。佳能原厂有 24mm、45mm、90mm 3 款移轴镜头。

❷ 焦距

表示镜头焦距的数值。定焦镜头采用单一数值表示，变焦镜头分别标记焦距范围两端的数值。

❸ 最大光圈

表示镜头所拥有最大光圈的数值。光圈恒定的镜头采用单一数值表示，如 EF 70-200mm F2.8 L IS USM；浮动光圈的镜头则会标出光圈的浮动范围，如佳能 EF 70-

300mm F4-5.6 L IS USM。

❹ 镜头特性

● L

L 为 Luxury（奢侈）的缩写，表示此镜头属于高端镜头。此标记仅赋予通过了佳能内部特别标准认证的、具有优良光学性能的高端镜头。

● Ⅱ、Ⅲ

镜头基本上采用相同的光学结构，仅在细节上有微小差异时添加该标记。Ⅱ、Ⅲ表示是同一光学结构镜头的第 2 代和第 3 代。

● USM

表示自动对焦机构的驱动装置采用了超声波马达（USM）。USM 将超声波振动转换为旋转动力从而驱动对焦。

● 鱼眼（Fisheye）

表示对角线视角为 180°（全画幅时）的鱼眼镜头。之所以称之为鱼眼，是因为其特性接近于鱼从水中看陆地的视野。

● SF

被佳能 EF 135mm F2.8 SF 镜头所使用。其特征是利用镜片 5 种像差之一的"球面像差"来获得柔焦效果。

● DO

表示采用 DO 镜片（多层衍射光学元件）的镜头。其特征是可利用衍射改变光线路径，只用一片镜片便可对各种像差进行有效补偿，此外还能够起到减轻镜头重量的作用。

● IS

IS 是 Image Stabilizer（图像稳定器）的缩写，表示镜头内部搭载了光学式手抖动补偿机构。

● 小型微距

最大放大倍率为 0.5 的 EF 50mm F2.5 小型微距镜头所使用的名称。表示是轻量、小型的微距镜头。

● 微距

通常将最大放大倍率在 0.5~1 倍（等倍）范围内的镜头称为微距镜头。在 EF 系列镜头中，包括了 50~180mm 各种焦段的微距镜头。

● 1-5x 微距摄影

数值表示拍摄可达到的最大放大倍率。在 EF 镜头中，将具有等倍以上最大放大倍率的镜头称为微距摄影镜头。

镜头焦距与视角的关系

每款镜头都有其固有的焦距，焦距不同，拍摄视角和拍摄范围也不同，而且不同焦距下的透视、景深等效果也有很大的区别。例如，在使用广角镜头的 14mm 焦距拍摄时，其视角能够达到 114°；而使用长焦镜头的 200mm 焦距拍摄时，其视角只有 12°。不同焦距镜头对应的视角如下图所示。

由于不同焦距镜头的视角不同，因此，不同焦距镜头适用的拍摄题材也有所不同。比如焦距短、视角宽的镜头常用于拍摄风光；而焦距长、视角窄的镜头常用于拍摄体育运动员、鸟类等位于远处的对象。

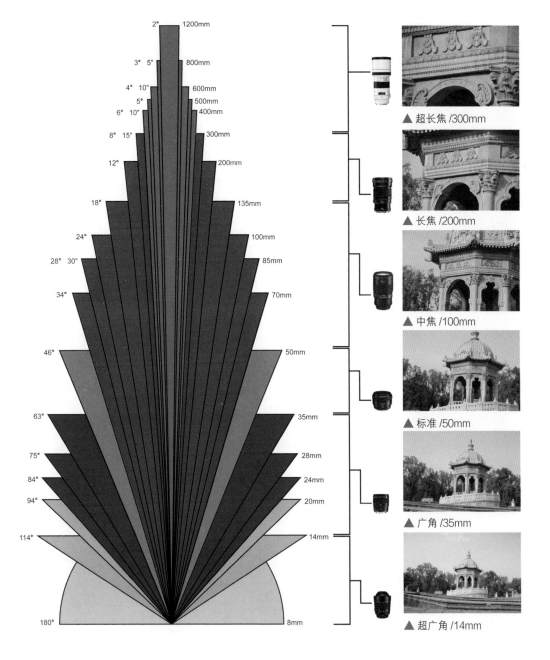

▲ 超长焦 /300mm

▲ 长焦 /200mm

▲ 中焦 /100mm

▲ 标准 /50mm

▲ 广角 /35mm

▲ 超广角 /14mm

理解 Canon EOS 90D 的焦距转换系数

Canon EOS 90D 使用的是 APS-C 画幅的 CMOS 感光元件（22.3mm×14.9mm），由于其尺寸要比全画幅的感光元件（36mm×24mm）小，因此其视角也会变小（即焦距变长）。但为了与全画幅相机的焦距数值统一，也为了便于描述，一般可以通过换算的方式得到一个等效焦距，其中佳能 APS-C 画幅相机的焦距换算系数为 1.6。

因此，在使用同一支镜头的情况下，如果将其装在全画幅相机上，焦距为 100mm；而将其装在 Canon EOS 90D 上时，拍摄视角就等同于一支焦距为 160mm 的镜头，用公式表示为：APS-C 等效焦距 = 镜头实际焦距 × 转换系数（1.6）。

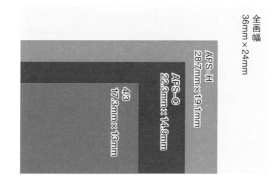

全画幅 36mm×24mm

APS-H 28.7mm×19.1mm

APS-C 22.3mm×14.9mm

4/3 17.3mm×13mm

Q：为什么画幅越大视野越宽？

A：常见的相机画幅有中画幅、全画幅（即 135 画幅）、APS-C 画幅、4/3 画幅等。画幅尺寸越大，纳入画面的景物也就越多，所呈现出来的视野也就显得越宽广。

在右侧的示例图中，展示了 50mm 焦距画面在 4 种常见画幅上的视觉效果。拍摄时相机所在的位置不变，但由照片可以看出，画幅越大所拍摄到的景物越多，50mm 焦距在中画幅相机上显示的效果就如同使用广角镜头拍摄，在 135 画幅相机上是标准镜头，在 APS-C 画幅相机上就成为中焦镜头，在 4/3 相机上就算长焦镜头。因此，在其他条件不变的前提下，画幅越大则画面视野越宽广，画幅越小则画面视野越狭窄。

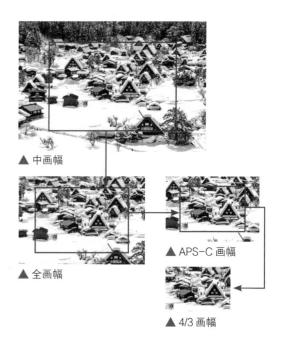

▲ 中画幅

▲ 全画幅

▲ APS-C 画幅

▲ 4/3 画幅

EOS 90D

镜头选购相对论

选购原厂还是副厂镜头

　　原厂镜头自然是指佳能公司生产的 EF 卡口镜头，由于是同一厂商开发的产品，因此更能够充分发挥相机与镜头的性能，在镜头的分辨率、畸变控制以及质量等方面效果都是出类拔萃的，但其价格不够平民化。

　　相对原厂镜头高昂的售价，副厂（第三方厂商）镜头似乎拥有更高的性价比，其中比较知名的品牌有腾龙、适马、图丽等。以腾龙 28-75mm F2.8 镜头为例，在拥有不逊于原厂同焦段镜头 EF 24-70mm F2.8 L USM 画面质量的情况下，其售价大约只有原厂镜头的 1/3，因而得到了很多用户的青睐。

　　当然，副厂镜头也有其不可回避的缺点，比如镜头的机械性能、畸变及色散等方面都存在一定的问题，作为一款准专业级的相机，为 Canon EOS 90D 配备一支副厂镜头似乎有点"掉价"，但若真是囊中羞涩的话，却也不失为一个不错的选择。

选购定焦还是变焦镜头

　　定焦镜头的焦距不可调节，它拥有光学结构简单、最大光圈较大、成像质量优异等特点，在焦段相同的情况下，定焦镜头的拍摄效果往往可以和价值数万元的专业镜头媲美。其缺点就是，由于焦距不可调节，机动性较差，不利于拍摄时进行灵活的构图。

▲ 佳能 EF 50mm F1.2 L USM 定焦镜头

　　变焦镜头的焦距可在一定范围内变化，其光学结构复杂、镜片数量较多，使得它的生产成本很高，少数恒定大光圈、成像质量优异的变焦镜头价格昂贵，通常在万元以上。变焦镜头的最大光圈较小，能够达到恒定 F2.8 光圈就已经是顶级镜头了，当然在售价上也是"顶级"的。

▲ 佳能 EF 70-200mm F2.8 L Ⅱ IS USM 变焦镜头

　　变焦镜头的存在，解决了我们以不同的景别拍摄时走来走去的难题，虽然在成像质量以及光圈调节上与定焦镜头相比有所不及，但那只是相对而言，在环境比较苛刻的情况下，变焦镜头确实能为我们提供更大的便利。

▲ 在这组照片中，摄影师只是在较小的范围内移动，就拍摄到了拥有完全不同景别和环境的照片，这都得益于变焦镜头带来的便利

5 款佳能高素质镜头点评

EF 50mm F1.2 L USM ┃ 超大光圈带来独具魅力的浅景深虚化

这款标准定焦镜头采用了最新的光学技术，在用料上可谓不遗余力，其尺寸达到了 85.8mm×65.5mm，重量更是达到了 580g，这样的镜头配在 Canon EOS 90D 机身上，重量还算平衡。

作为一款超大光圈镜头，其对焦速度是被大家重点关注的一个性能。这款镜头内置了高速 CPU 及优化设计的自动对焦算法，能够实现较高速的对焦——当然，在光圈全开的状态下，对焦速度还是有待改进的。

这款镜头采用了一枚高精度非球面镜片来降低球面像差，同时还提高了成像的锐度，从而获得反差良好的高画质影像。而 8 叶光圈片则保证了镜头拥有极佳的虚化效果。

另外，作为一款 L 级镜头，其卡口部位采用了严格的防尘、防滴密封设计，即使在恶劣的环境中，也能够从容拍摄。

镜片结构	6组8片
光圈叶片数	8
最大光圈	F1.2
最小光圈	F16
最近对焦距离（cm）	45
最大放大倍率	0.15
滤镜尺寸（mm）	72
规格（mm）	85.8×65.5
重量（g）	590

EF 85mm F1.2 L Ⅱ USM ┃ "大眼睛"无愧于人像镜王之称

85mm 一直被认为是较佳的人像拍摄焦距，因此佳能的这款 F1.2 超大光圈镜头，为营造迷人的虚化效果、弱光下的出色表现等提供了绝佳的保障。

这款二代 85mm F1.2 镜头，采用了一块超大型研削非球面镜片及两枚高折射率镜片，配合全新的镀膜技术，对提升画面解像力、改善球面像差及抵制鬼影等都起到了非常积极的作用。

在对焦系统方面，这款镜头采用了浮动对焦设计，并引入了新款 CPU 及自动对焦演算方法，令对焦及反应速度较前代提高了 1.8 倍之多——虽然尚不及内对焦或后对焦镜头，但较上一代镜头出现的那种"拉风箱"的现象，已经改善了很多。

要注意的是，在光圈全开的情况下，暗角问题会比较严重，不过收缩一挡光圈后会得到极大的改善。

镜片结构	7组8片
光圈叶片数	8
最大光圈	F1.2
最小光圈	F16
最近对焦距离（cm）	95
最大放大倍率	0.11
滤镜尺寸（mm）	72
规格（mm）	91.5×84
重量（g）	1025

EF 16-35mm F2.8 L Ⅱ USM | 覆盖常用广角焦段的高性能大光圈镜头

这款广角变焦镜头接装在 Canon EOS 90D 相机上，其等效焦距变为 25.6~56mm，覆盖了从广角至标准的焦距，在恒定 F2.8 的大光圈下，用长焦端拍摄环境人像也是非常不错的选择。

在镜片组成上，采用了 3 片研磨、复合及超精度模铸非球面镜片，同时还包括了两枚 UD 镜片，对提高画质、校正像差等起到了非常重要的作用。

作为 L 级镜头，在卡口、变焦环、对焦环等位置都做了密封处理，具备良好的防尘、防滴性能。

需要注意的是，这款镜头是佳能旗下首款采用 82mm 滤镜尺寸的 L 镜头，与以往大三元 77mm 的滤镜尺寸不同，因此在滤镜的使用上并不通用，如果比较介意这一点的话，应慎重购买。

镜片结构	12组16片
光圈叶片数	7
最大光圈	F2.8
最小光圈	F22
最近对焦距离（cm）	28
最大放大倍率	0.22
滤镜尺寸（mm）	82
规格（mm）	88.5×111.6
重量（g）	640

EF 70-200mm F4 L IS USM | 高性价比轻量级中长焦变焦镜头

作为比 70-200mm F2.8 Ⅱ IS 低一挡，被称为"爱死小小白"的镜头，以仅有 760g 的体重、低廉的价格，成了一款具有高机动性、高性价比的镜头。

这款镜头内置了最新的 IS 影像稳定器，可获得相当于提高 4 挡快门速度的抖动补偿，同时还增加了三脚架自动识别功能，以防止防抖系统的误操作。

相对于上一代的 F4 镜头，这款 F4 IS 镜头的镜片结构由 13 组 16 片增至 15 组 20 片，其中包括了一片萤石镜片及两片超低色散镜片，为提高画质、控制色差等提供了极大的保障。

略有遗憾的是，这款镜头的定价相对较高，与 F2.8 不带 IS 的"小白"的价格基本相当，如果需要大光圈，则可以考虑 F2.8 版；如果需要带有 IS 系统的镜头，则可以考虑 F4 IS 版。

镜片结构	15组20片
光圈叶片数	8
最大光圈	F4
最小光圈	F32
最近对焦距离（cm）	120
最大放大倍率	0.21
滤镜尺寸（mm）	67
规格（mm）	76×172
重量（g）	760
等效焦距（mm）	112~320

EF 100mm F2.8 L IS USM ┃带有防抖功能的专业级微距镜头

在微距摄影中，100mm 左右焦距的 F2.8 专业微距镜头，被人们称为"百微"，也是各镜头厂商的必争之地。

从尼康的 105mm F2.8 镜头加入 VR 防抖功能开始，各"百微"镜头也纷纷升级各自的防抖功能。佳能这款镜头就是典型的代表之一，其双重 IS 影像稳定器能够在通常的拍摄距离下实现约相当于提高 4 级快门速度的手抖动补偿效果；当放大倍率为 0.5 倍时，能够获得约相当于提高 3 级快门速度的手动补偿效果；当放大倍率为 1 倍时，能够获得约相当于提高 2 级快门速度的手抖动补偿效果，为手持微距拍摄提供了更大的保障。

这款镜头包含了 1 片对色像差有良好补偿效果的超低色散镜片，优化的镜片位置和镀膜可以有效抑制鬼影和眩光的产生。为了保证能够得到漂亮的虚化效果，镜头采用了圆形光圈，为塑造唯美的画面效果创造了良好的条件。

镜片结构	12组15片
光圈叶片数	9
最大光圈	F2.8
最小光圈	F32
最近对焦距离（cm）	30
最大放大倍率	1
滤镜尺寸（mm）	67
规格（mm）	77.7×123
重量（g）	625

▼ 使用带有防抖功能的专业级微距镜头拍摄出了漂亮的蜻蜓翅膀虚化效果照片。『焦距：100mm ┊光圈：F6.3 ┊快门速度：1/250s ┊感光度：ISO500』

选购镜头时的合理搭配

不同焦段的镜头有着不同的功用，如85mm焦距镜头被奉为人像摄影的不二之选，而50mm焦距镜头在人文、纪实等领域有着无可替代的作用。根据拍摄对象的不同，可以选择广角、中焦、长焦以及微距等多个焦段的镜头。

如果要购买多支镜头以满足不同的拍摄需求，一定要注意焦段的合理搭配，比如佳能镜皇中"大三元"系列的3支镜头，即EF 16-35mm F2.8 L Ⅱ USM、EF 24-70mm F2.8 L USM、EF 70-200mm F2.8 L IS Ⅱ USM 镜头，覆盖了从广角到长焦最常用的焦段，并且各镜头之间焦距的衔接极为紧密，即使是专业摄影师，也能够满足绝大部分拍摄需求。

就算是普通的摄影爱好者，在选购镜头时也应该特别注意各镜头间的焦段搭配，尽量避免重合，甚至可以留出一定的"中空"，以避免造成浪费——毕竟好的镜头是很贵的。

16~35mm焦段	24~70mm焦段	70~200mm焦段

EF 16-35mm F2.8 L Ⅱ USM	EF 24-70mm F2.8 L USM	EF 70-200mm F2.8 L IS Ⅱ USM

与镜头相关的常见问题解答

Q：怎么拍出没有畸变与透视感的照片？

A：要想拍出畸变小、透视感不强烈的照片，那么，就不能使用广角镜头进行拍摄，而是选择一个较远的距离，使用长焦镜头拍摄。这是因为在远距离下，长焦镜头可以将近景与远景间的纵深感减少以形成压缩效果，因而容易得到畸变小、透视感弱的照片。

Q：使用脚架进行拍摄时是否需要关闭镜头的 IS 功能？

A：一般情况下，使用脚架拍摄时需要关闭IS，这是为了防止防抖功能将脚架的操作误检测为手的抖动。但是对一部分远摄镜头而言，当使用脚架进行拍摄时，会自动切换至三脚架模式，这样就不用关闭IS了。

Q：如何准确理解焦距？

A：镜头的焦距是指对无限远处的被摄体对焦时镜头中心到成像面的距离，一般用长短来描述。焦距变化带来的不同视觉效果主要体现在视角上。

视野宽广的广角镜头，光照射进镜头的入射角度较大，镜头中心到光集结起来的成像面之间的距离较短，对角线视角较大，因此能够拍出场景更广阔的画面；而视野窄的长焦镜头，光的入射角度较小，镜头中心到成像面的距离较长，对角线视角较小，因此适合以特写的景别拍摄远处的景物。

Q：什么是微距镜头？

A：放大倍率大于或等于1:1的镜头，即为微距镜头。市场上微距镜头的焦距从短到长，各种类型都有，而真正的微距镜头主是要根据其放大倍率来定义的。放大倍率 = 影像大小：被摄体的实际大小。

如放大倍率为1:10，表示被摄体的实际大小是影像大小的10倍，或者说影像大小是被摄体实际大小的1/10。放大倍率为1:1则表示被摄体的实际大小等于影像大小。

根据放大倍率，微距摄影可以细分为近距摄影和超近距摄影。虽然没有很严格的定义，但一般认为近距摄影的放大倍率为（1:10）~（1:1），超近距摄影的放大倍率为（1:1）~（6:1），当放大倍率大于6:1时，就属于显微摄影的范围了。

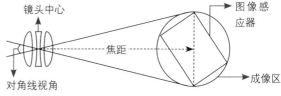

▲ 焦距较短的时候

▲ 焦距较长的时候

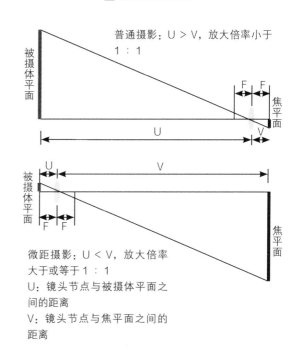

普通摄影：U > V，放大倍率小于1：1

微距摄影：U < V，放大倍率大于或等于1：1

U：镜头节点与被摄体平面之间的距离

V：镜头节点与焦平面之间的距离

Q：什么是对焦距离？

A：所谓对焦距离是指从被摄体到成像面（图像感应器）的距离，以相机焦平面标记到被摄体合焦位置的距离为计算基准。

许多摄影师常常将其与镜头前端到被摄体的距离（工作距离）相混淆，其实对焦距离与工作距离是两个不同的概念。

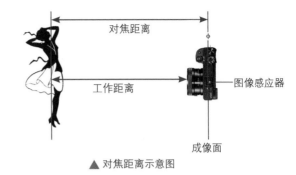

▲ 对焦距离示意图

Q：什么是最近对焦距离？

A：最近对焦距离是指能够对被摄体合焦的最短距离。也就是说，如果被摄体到相机成像面的距离短于该距离，那么就无法完成合焦，即与相机的距离小于最近对焦距离的被摄体将会被全部虚化。在实际拍摄时，拍摄者应根据被摄体的具体情况和拍摄目的来选择合适的镜头。

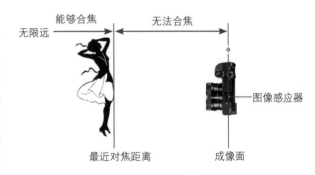

▲ 最近对焦距离示意图

Q：什么是镜头的最大放大倍率？

A：最大放大倍率是指被摄体在成像面上的成像大小与实际大小的比率。如果拥有最大放大倍率为等倍的镜头，就能够在图像感应器上得到和被摄体大小相同的图像。

对于数码照片而言，因为可以使用比图像感应器尺寸更大的回放设备（如计算机等）进行浏览，所以成像看起来如同被放大一般，但最大放大倍率还是应该以在成像面上的成像大小为基准。

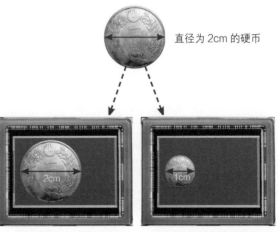

▲ 使用最大放大倍率约为1倍的镜头拍摄到最大的形态，在图像感应器上的成像直径为2cm

▲ 使用最大放大倍率约为0.5倍的镜头拍摄到最大的形态，在图像感应器上的成像直径为1cm

Q：变焦镜头中最大光圈不变的镜头是否性能更加优越？

A：变焦镜头的最大光圈有两种表示方法，分别由一个数字组成和由两个数字组成（例如 F6.3 或 F3.5-6.3）。前者是在任何焦段中最大光圈值都不变的"固定光圈值"，后者是根据焦段不同，最大光圈不断变化的"非固定光圈值"。镜头最大光圈的变化，在有效口径一定的变焦镜头中是必然现象，不能用来作为判断镜头性能是否优异的标准。

Q：什么情况下应使用广角镜头拍摄？

A：如果拍摄照片时有以下需求，可以使用广角镜头进行拍摄。

● 更大的景深：在光圈和拍摄距离相同的情况下，与标准镜头或长焦镜头相比，使用广角镜头拍摄的场景清晰范围更大，因此可以获得更大的景深。

● 更宽的视角：使用广角镜头可以将更宽广的场景容纳在取景框中，且焦距越短，能够拍摄到的场景越宽。因此拍摄风景时可以获得更广阔的背景，拍摄合影时可以在一张照片中容纳更多的人。

● 需要手持拍摄：使用短焦距拍摄要比使用长焦距更稳定，例如使用 14mm 焦距拍摄时，完全可以手持相机并使用较低的快门速度拍摄，而不必担心相机的抖动问题。

● 透视变形：使用广角镜头拍摄时，被摄对象距离镜头越近，其在画面中的变形幅度也就越大，虽然这种变形不成比例，但如果在拍摄时要使其从整幅画面中凸显出来，则可以使用这种透视变形来突出强调前景中的被摄对象。

Q：使用广角镜头的缺点是什么？

A：广角镜头虽然非常有特色，但也存在一些缺陷。

● 边角模糊：对于广角镜头，特别是广角变焦镜头来说，最常见的问题是照片四角模糊。这是由镜头的结构导致的，因此这个现象较为普遍，尤其是使用 F2.8、F4 这样的大光圈时。在廉价广角镜头中，这种现象更严重。

● 暗角：由于进入广角镜头的光线是以倾斜的角度进入的，此时光圈的开口不再是一个圆形，而是类似于椭圆的形状，因此照片的四角处会出现变暗的情况，如果缩小光圈，则可以减弱这个现象。

● 桶形失真：使用广角镜头拍摄的图像中，除中心位置以外的直线将呈现向外弯曲的形状（好似一个桶的形状），因此在拍摄人像、建筑等题材时，会导致所拍摄出来的照片失真。

Q：怎么拍出没有畸变与透视感的照片？

A：要想拍出畸变小、透视感不强烈的照片，就不能使用广角镜头进行拍摄，而是选择一个较远的距离，使用长焦镜头拍摄。这是因为在远距离下，长焦镜头可以将近景与远景间的纵深感减少以形成压缩效果，因而容易得到畸变小、透视感弱的照片。

Q：使用脚架进行拍摄时是否需要关闭防抖功能？

A：一般情况下，使用脚架拍摄时需要关闭防抖功能，这是为了防止防抖功能将脚架的调整误检测为手的抖动。

第 8 章 用附件为照片增色的技巧

存储卡：容量及读/写速度同样重要

Canon EOS 90D 可以使用 SD、SDHC 或 SDXC 存储卡，还可以使用 UHS-I Speed Class SDHC 和 SDXC 存储卡。在购买时，建议不要直接买一张大容量的存储卡，而是分成两张购买。比如需要 128GB 的空间，则建议购买两张 64GB 的存储卡，虽然在使用时有换卡的麻烦，但两张卡同时出现故障的概率要远小于一张卡出故障的概率。

Q：什么是 SDHC 型存储卡？

A：SDHC 是 Secure Digital High Capacity 的缩写，即高容量 SD 卡。SDHC 型存储卡最大的特点就是高容量（2~32GB）。另外，SDHC 采用的是 FAT32 文件系统，其传输速度分为 Class2（2MB/s）、Class4（4MB/s）、Class6（6MB/s）等级别，高速 SD 卡可以支持高分辨率视频的实时存储。

Q：什么是 SDXC 型存储卡？

A：SDXC 是 SD eXtended Capacity 的缩写，即超大容量 SD 存储卡。其最大容量可达 64GB，理论容量可达 2TB。此外，其数据传输速度也很快，最大理论传输速度能达到 300MB/s。但目前许多数码相机及读卡器并不支持此类型的存储卡，因此在购买前要确定当前所使用的数码相机与读卡器是否支持此类型的存储卡。

Q：存储卡上的 I 与 ⑪ 标识是什么意思？

A：存储卡上的 I 标识表示此存储卡支持超高速（Ultra High Speed，即 UHS）接口，即其带宽可以达到 104MB/s，因此，如果计算机的 USB 接口为 USB 3.0，存储卡中的 1GB 照片只需要几秒就可以全部传输到计算机中。如果存储卡上标识有 ⑪，则说明该存储卡还能够满足实时存储高清视频的 UHS Speed Class 1 标准。

▲ 不同格式的 SDXC 及 SDHC 存储卡

UV 镜：保护镜头的选择之一

UV 镜也叫"紫外线滤镜"，主要是针对胶片相机设计的，用于防止紫外线对曝光的影响，能提高成像质量、增加影像的清晰度。而现在的数码相机已经不存在这个问题了，但由于其价格低廉，便成为摄影师用来保护数码相机镜头的工具。

笔者强烈建议摄影师在购买镜头的同时也购买一款 UV 镜，以更好地保护镜头不受灰尘、手印及油渍的侵扰。除了购买佳能的 UV 镜外，肯高、HOYO、大自然及 B+W 等厂商生产的 UV 镜也不错，性价比很高。口径越大的 UV 镜，价格也越高。

▲ B+W UV 镜

偏振镜：消除或减少物体表面的反光

什么是偏振镜

偏振镜也叫偏光镜或 PL 镜，主要用于消除或减少物体表面的反光。在风光摄影中，为了降低反光、获得浓郁的色彩，又或者希望拍摄到清澈见底的水面、透过玻璃拍里面的物品等情况下，一个好的偏振镜是必不可少的。

偏振镜分为线偏和圆偏两种，数码相机应选择有"C-PL"标志的圆偏振镜，因为在数码微单相机上使用线偏振镜容易影响测光和对焦。

在使用偏振镜时，可以旋转其调节环以选择不同的强度，在取景窗中可以看到一些色彩上的变化。同时需要注意的是，使用偏振镜后会阻碍光线的进入，大约相当于减少两挡光圈的进光量，故在使用偏振镜时，我们需要降低为原来 1/4 的快门速度，这样才能拍出与未使用偏振镜时相同曝光量的照片。

▲ 肯高 67mm C-PL（W）偏振镜

用偏振镜压暗蓝天

晴朗天空中的散射光是偏振光，利用偏振镜可以减少偏振光，使蓝天变得更蓝、更暗。加装偏振镜后所拍摄的蓝天，比使用蓝色渐变镜拍摄的蓝天要更加真实，因为使用偏振镜拍摄，既能压暗天空，又不会影响其余景物的色彩还原。

用偏振镜提高色彩饱和度

如果拍摄环境的光线比较杂乱，会对景物的色彩还原产生很大的影响，环境光和天空光在物体上形成的反光，会使景物的颜色看起来不鲜艳。使用偏振镜进行拍摄，可以消除杂光中的偏振光，减少杂散光对物体颜色还原的影响，从而提高物体的色彩饱和度，使景物的颜色显得更加鲜艳。

用偏振镜抑制非金属表面的反光

使用偏振镜拍摄的另一个好处就是可以抑制被摄体表面的反光。我们在拍摄水面、玻璃表面时，经常会遇到反光的困扰，使用偏振镜则可以削弱水面、玻璃及其他非金属物体表面的反光。

▲ 使用偏振镜消除水面的反光，从而拍摄到更加清澈的水面。『焦距：20mm ┆光圈：F10 ┆快门速度：1/160s ┆感光度：ISO200』

中灰镜：减少镜头的进光量

什么是中灰镜

中灰镜又被称为 ND（Neutral Density）镜，是一种不带任何色彩的灰色滤镜，安装在镜头前面，可以减少镜头的进光量，从而降低快门速度。当光线太过充足而导致无法降低快门速度时，可以使用中灰镜。

▲ 肯高 52mm ND4 中灰镜

中灰镜的规格

中灰镜有不同的级数，常见的有 ND2、ND4、ND8 这 3 种，分别代表可以降低 1 挡、2 挡和 3 挡快门速度。例如，在晴朗天气条件下使用 F16 的光圈拍摄瀑布时，得到的快门速度为 1/16s，使用这样的快门速度拍摄无法使水流虚化，此时可以安装 ND4 型号的中灰镜，或安装两块 ND2 型号的中灰镜，使镜头的进光量降低，从而降低快门速度至 1/4s，即可得到预期的效果。

中灰镜各参数对照表				
透光率（p）	密度（D）	阻光倍数（O）	滤镜因数	曝光补偿级数（应开大光圈的级数）
50%	0.3	2	2	1
25%	0.6	4	4	2
12.5%	0.9	8	8	3
6%	1.2	16	16	4

通过使用中灰镜降低快门速度，拍摄到水流连成丝线状的效果。焦距：18mm｜光圈：F22｜快门速度：1.3s｜感光度：ISO100

中灰渐变镜：平衡画面曝光

什么是中灰渐变镜

渐变镜是一种一半透光、一半阻光的滤镜，分为圆形和方形两种，在色彩上也有很多选择，如蓝色、茶色等。而在所有的渐变镜中，最常用的应该是中灰渐变镜，也就是一种带有中性灰色的渐变镜。

▲ 不同形状的中灰渐变镜

不同形状渐变镜的优缺点

中灰渐变镜有圆形与方形两种，圆形渐变镜是直接安装在镜头上的，使用起来比较方便，但由于其渐变效果是不可调节的，因此只能调节天空约占画面50%的照片；而使用方形渐变镜时，需要买一个支架装在镜头前面，只有这样才可以把方形滤镜装上，其优点是可以根据构图的需要调整渐变的位置。

▲ 安装中灰渐变镜后的相机效果

在阴天使用中灰渐变镜改善天空影调

中灰渐变镜几乎是在阴天拍摄时唯一能够有效改善天空影调的滤镜。在阴天条件下，虽然乌云密布，显得很有层次，但是实际上天空的亮度仍然远远高于地面，所以如果按正常曝光手法拍摄，得到的画面中的天空会由于过曝而显得没有层次感。此时，如果使用中灰渐变镜，用深色的一端覆盖天空，则可以通过降低镜头的进光量来延长曝光时间，使云的层次得到较好的表现。

使用中灰渐变镜降低明暗反差

当拍摄日出、日落等明暗反差较大的场景时，为了使较亮的天空与较暗的地面得到均匀的曝光，可以使用中灰渐变镜拍摄。拍摄时用镜片较暗的一端覆盖天空，即可降低此区域的通光量，从而使天空与地面均得到正确曝光。

▲ 借助中灰渐变镜压暗过亮的天空，缩小其与地面的明暗差距，得到了层次细腻的画面效果。『焦距：50mm ┊ 光圈：F16 ┊ 快门速度：1/2s ┊ 感光度：ISO100』

快门线：避免直接按下快门产生震动

快门线的作用

　　在对拍摄的稳定性要求很高的情况下，通常会采用快门线与脚架结合使用的方式进行拍摄。其中，快门线的作用就是为了尽量避免直接按下机身快门时可能产生的震动，以保证拍摄时相机的稳定，从而获得更高的画面质量。

▲ 这幅夜景照片的曝光时间达到了 15s，为了保证画面不会模糊，快门线与三脚架是必不可少的。『焦距：20mm ┊ 光圈：F8 ┊ 快门速度：15s ┊ 感光度：ISO320』

快门线的使用方法

　　将快门线与相机连接后，可以像在相机上操作一样，半按快门进行对焦、完全按下快门进行拍摄，但由于不用触碰机身，因此在拍摄时可以避免相机的抖动。Canon EOS 90D 使用的是型号为 RS-60E3 的快门线，如右图所示。

▲ RS-60E3 快门线

遥控器：遥控对焦及拍摄

遥控器的作用

如同电视机的遥控器一样，我们可以在远离相机的情况下，使用遥控器进行对焦及拍摄，通常这个距离是5m左右，已经可以满足自拍或拍集体照的需求了。

Canon EOS 90D可使用RC-6及BR-E1两种型号的遥控器。其中RC-6的操作半径为5米，此遥控器使用的是型号为CR2032的纽扣电池，在满电的情况下，可以进行约6000次信号传递。

▲ 佳能RC-6遥控器是功能最简单的遥控器，工作范围为5m左右

▲ 佳能BR-E1无线遥控器

如何进行遥控拍摄

使用RC-6（另售）遥控器，可以在最远距离相机约5米的地方进行遥控拍摄，也可进行延时拍摄。遥控拍摄的流程如下：

❶ 将电源开关置于ON位置。

❷ 半按快门对被摄对象进行预先对焦。

❸ 将镜头的对焦模式开关置于MF位置，采用手动对焦；也可以将对焦模式开关调到AF位置，采用自动对焦。

❹ 按DRIVE按钮，转动主拨盘选择10秒或2秒自拍模式。

❺ 将遥控器朝向相机的遥控感应器并按传输按钮，自拍指示灯点亮并拍摄照片。

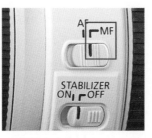

▲ 设定方法

将镜头上的对焦模式开关调到MF位置，即可切换至手动对焦模式。

▲ 设定方法

按DRIVE按钮，转动主拨盘选择10秒自拍/遥控📷或2秒自拍/遥控📷❷。

▲ 遥控器是自拍时最好用的附件。『焦距：35mm ┊光圈：F13 ┊快门速度：1/60s ┊感光度：ISO100』

脚架：保持相机稳定的基本装备

脚架是最常用的摄影配件之一，使用它可以让相机变得更稳定，以保证在长时间曝光的情况下也能够拍摄到清晰的照片。

脚架的分类

市场上的脚架类型非常多，按材质可以分为木质、高强塑料材质、合金材料、钢铁材料、碳素纤维及火山岩等几种，其中以铝合金及碳素纤维材质的脚架最为常见。

▲ 三脚架（左）与独脚架（右）

铝合金脚架的价格较便宜，但重量较重，不便于携带；碳素纤维脚架的档次要比铝合金脚架高，便携性、抗震性、稳定性都很好，在经济条件允许的情况下，是非常理想的选择。碳素纤维脚架的缺点是价格很贵，往往是相同档次铝合金脚架的好几倍。

另外，根据支脚数量可把脚架分为三脚与独脚两种。三脚架用于稳定相机，甚至在配合快门线、遥控器的情况下，可实现完全脱机拍摄；而独脚架的稳定性能要弱于三脚架，主要是起支撑的作用，在使用时需要摄影师来控制独脚架的稳定性，由于其体积和重量都只有三脚架的1/3，所以无论是旅行还是日常拍摄携带都十分方便。

云台的分类

云台是连接脚架和相机的配件，用于调节拍摄的角度，包括三维云台和球形云台两类。三维云台的承重能力强、构图十分精准，缺点是占用的空间较大，在携带时稍显不便；球形云台体积较小，只要旋转按钮，就可以让相机迅速转到所需要的角度，操作起来十分方便。

▲ 三维云台（左）与球形云台（右）

EOS 90D

Q：在使用三脚架的情况下怎样做到快速对焦？

A：使用三脚架拍摄，通常是确定构图后相机就固定在三脚架上不再调整了，可是在这样的情况下，想要对焦之后锁定对焦点再微调构图的方式便无法实现了。因此，建议先使用单次自动对焦模式对画面进行对焦，然后再切换成手动对焦模式，只要手动调节对焦点至对焦区域的范围内，就可以实现准确对焦。即使构图做了一些调整，焦点也不会轻易改变。不过需要注意的是，变焦镜头在变焦后会导致焦点的偏移，所以变焦后需要重新对焦。

外置闪光灯基本结构及功能

　　Canon EOS 90D 作为一款 APS-C 画幅的单反相机，既配有内置闪光灯，也能够使用功能更强大的外置闪光灯，建议对闪光效果有较高要求的用户都应配备一支外置闪光灯，例如 600EX-RT、430EX Ⅲ－RT、430EX Ⅱ、270EX Ⅱ 等。当然，如果进行微距摄影，则需要使用专用的微距闪光灯，如 MR-14EX Ⅱ、MT-24EX 等。从功能上来说，各闪光灯基本相同，下面将以 600EX-RT 为例，讲解其基本结构及基本功能。

从基本结构开始认识闪光灯

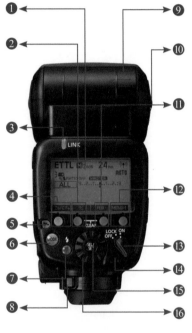

① 液晶显示屏
用于显示及设置闪光灯的参数

② 功能按钮2
对应按钮上方液晶显示屏中显示的图标，根据不同的显示图标，执行相应的功能。如设置闪光曝光补偿、闪光输出级别等

③ 无线电传输确认指示灯
在进行无线电传输无线闪光拍摄时，此灯会指示主控单元和从属单元之间的传输状态

④ 功能按钮1
对应按钮上方液晶显示屏中显示的图标，根据不同的显示图标，执行相应的功能

⑤ 无线按钮/联动拍摄按钮
按此按钮可以开启或关闭无线电传输；按此按钮可以开启或关闭光学传输无线拍摄

⑥ 闪光模式按钮
按此按钮可以设定闪光模式

⑦ 闪光就绪指示灯/测试闪光按钮
以红色、绿色等不同的方式闪烁时，分别代表不同的提示；按此按钮，可进行测试闪光

⑧ 锁定释放按钮
按此按钮并拨动固定座锁定杆可以拆卸闪光灯

⑨ 反射角度指数
表示当前闪光灯在垂直方向上旋转的角度

⑩ 反射锁定释放按钮
在按此按钮后，可以调整闪光灯在垂直方向上的角度

⑪ 功能按钮3
对应按钮上方液晶显示屏中显示的图标，根据不同的显示图标，执行相应的功能。如设置闪光包围曝光、频闪闪光模式下的闪光次数、手动外部闪光模式下的 ISO 设置等

⑫ 功能按钮4
对应按钮上方液晶显示屏中显示的图标，根据不同的显示图标，执行相应的功能。如设置闪光同步模式、频闪闪光模式下的闪光频率、菜单设置等

⑬ 电源开关
用于控制闪光灯的开启和关闭

⑭ 闪光曝光确认指示灯
当获得标准的曝光时，此指示灯将亮起3秒

⑮ 选择/设置按钮
选择功能或确认功能的设置

⑯ 选择拨盘
用于在各个参数之间进行切换及选择

⑰ 眼神光板
将其抽出后，可用于防止光线向上发散，有利于塑造眼神光

⑱ 内置广角散光板
拉出广角散光板后，在使用镜头广角端进行拍摄时，能够避免画面四角出现明显阴影

⑲ 闪光灯头/光学传输无线发射器
用于输出闪光光线；还可用于数据的无线传输

⑳ 外部测光感应器
启用自动外部测光功能时，将通过此处对被摄体进行测光，并根据相机的感光度及光圈自动调整闪光输出

㉑ 光学传输无线传感器
用于传输无线信号

㉒ 自动对焦辅助光发射器
在弱光或低对比度环境下，此处将发射用于辅助对焦的光线

佳能外置及微距闪光灯的性能对比

下面分别列出佳能主流的 5 款外置及微距闪光灯的性能参数对比，供读者在选购时作为参考。

闪光灯型号	600EX-RT 闪光灯	430EX Ⅲ -RT 闪光灯	270EX Ⅱ 闪光灯	MR-14EX Ⅱ 闪光灯	MT-24EX 闪光灯
图片					
闪光曝光补偿	手动。范围为 ±3，可以1/3或1/2挡为增量进行调节	手动。范围为 ±3，可以1/3或1/2挡为增量进行调节	手动。范围为 ±3，可以1/3或1/2挡为增量进行调节	手动。范围为 ±3，可以1/3或1/2挡为增量进行调节	手动。范围为 ±3，可以1/3或1/2挡为增量进行调节
闪光曝光锁定	支持	支持	支持	支持	支持
高速同步	支持	支持	支持	支持	支持
闪光测光方式	E-TTL Ⅱ、E-TTL、TTL自动闪光、自动/手动外部闪光测光、手动闪光、频闪闪光	TTL、E-TTL、E-TTL Ⅱ 自动闪光，手动闪光	E-TTL、E-TTL Ⅱ 自动闪光，手动闪光	TTL、E-TTL、E-TTL Ⅱ 自动闪光，手动闪光	TTL、E-TTL、E-TTL Ⅱ 自动闪光，手动闪光
闪光指数（m）	60（ISO100、焦距200mm）	43（ISO100、焦距105mm）	灯头拉出：27	双侧闪光：约14 单侧闪光：约10.5	24（ISO100）
闪光范围（mm）	20~200	24~105	28~50	上下、左右约80°	上下约70°，左右约53°
回电时间（s）	一般闪光：0.1~5.5 快速闪光：0.1~3.3	一般闪光：0.1~3.5 快速闪光：0.1~2.5	一般闪光：0.1~3.9 快速闪光：0.1~2.6	一般闪光：0.1~5.5 快速闪光：0.1~3.3	0.1~7
垂直角度（°）	7、90	90	90	—	—
水平角度（°）	180	向左150、向右180	—	—	—

衡量闪光灯性能的关键参数——闪光指数

闪光指数是评价一个外置闪光灯的重要指标，它决定了闪光灯在同等条件下的有效拍摄距离。以 600EX-RT 闪光灯为例，在 ISO100 的情况下，其闪光指数为 60，假设光圈为 F4，我们可以依据下面的公式算出此时该闪光灯的有效闪光距离。

闪光指数（60）÷ 光圈值（4）= 闪光距离（15）

设置外接闪光灯控制选项

控制闪光灯是否闪光

在"闪光灯闪光"菜单中控制内置闪光灯是否闪光。选择"$\frac{4^A}{}$"选项，相机将在基本拍摄区或 P 模式下，根据画面光线让闪光灯自动闪光；选择"$\frac{4}{}$"选项，可以在拍摄时始终让闪光灯闪光；选择"⊛"选项，则在 P、Av、Tv、M 模式下保持关闭闪光灯的状态或将使用自动对焦辅助光。

❶ 在**拍摄菜单 1** 中选择**闪光灯控制**选项。 ❷ 选择**闪光灯闪光**选项。 ❸ 选择所需的选项，然后点击 `SET OK` 图标确定。

E-TTL Ⅱ 测光

可以利用"E-TTL Ⅱ 测光"菜单来设置闪光灯的测光模式，其中包括了"评价（面部优先）""评价"和"平均"三种模式。

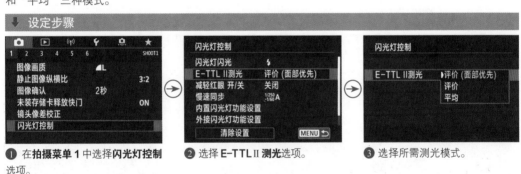

❶ 在**拍摄菜单 1** 中选择**闪光灯控制**选项。 ❷ 选择 **E-TTLⅡ测光**选项。 ❸ 选择所需测光模式。

● 评价（面部优先）：此模式下相机将自动对测光结果进行优化，但会优先人物面部的测光，以使人物得到较好的闪光效果。

● 评价：这是默认的闪光灯测光模式，相机将自动对测光结果进行优化，以得到较好的闪光效果。

● 平均：此模式是对整个取景范围的光线进行平均测光，然后在此基础上确定闪光量。适用于高级用户，在使用时可能需要设置一定的闪光曝光补偿量。

Q：什么是E-TTL Ⅱ 测光？

A：E-TTL 是佳能闪光灯系统的专有名词，即先由闪光灯进行预闪，然后照射到拍摄对象的光线将通过镜头传送到测光元件上，并以此为依据，精确地计算出闪光灯应输出的光量。

E-TTL Ⅱ 则是升级型闪光灯测光模式，它在 E-TTL 的基础上增加了焦距资料及色温控制等功能，从而通过进行更精确的闪光来获得更准确的色彩还原。

EOS 90D

慢速同步

在"慢速同步"菜单中有"1/250-30 秒 自动""1/250-1/60 秒 自动""1/250 秒（固定）"3 个选项供选择，用于设置使用光圈优先或程序自动曝光模式拍摄时闪光灯的同步速度。

设定步骤

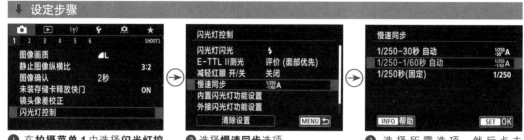

❶ 在**拍摄菜单 1** 中选择**闪光灯控制**选项。

❷ 选择**慢速同步**选项。

❸ 选择所需选项，然后点击 SET OK 图标确定。

● 1/250-30 秒自动：在 1/250-30 秒范围内，根据场景亮度自动设置闪光同步速度。在某些拍摄条件下、在低光照环境下和快门速度自动降低时，会使用慢速同步模式拍摄，当闪光同步速度低于安全快门速度时，应注意使用脚架保持相机的稳定。

● 1/250-1/60 秒自动：闪光同步速度将被限制在 1/250~1/60 秒范围内，可在很大程度上避免因相机抖动引起的画面模糊问题，但由于最低快门同步速度被限制在 1/60 秒，因此在环境较暗时，可能无法获得充分的曝光，使画面看起来较暗。

● 1/250 秒（固定）：选择此选项，闪光同步速度将被固定为 1/250 秒，此时更不容易出现由于相机抖动而导致的画面模糊问题，但同时背景可能会比选择"1/250-1/60 秒自动"选项时显得更暗。

使用慢速同步闪光模式拍摄时，因为使用了较低的同步速度，不仅前景中的模特有很好的表现，就连背景中的灯光也可以被表现得很好，从而使拍出来的照片更自然、真实。焦距：85mm 光圈：F2 快门速度：1/25s 感光度：ISO125

用跳闪方式进行补光拍摄

所谓跳闪，通常是指使用外置闪光灯，通过反射的方式将光线射到被摄对象身上，常用于室内或有一定遮挡的人像摄影中，这样可以避免直接对被摄对象进行闪光，造成光线太过生硬，形成没有立体感的平光效果。

在室内拍摄人像时，经常会调整闪光灯的照射角度，让其向着房间的顶棚进行闪光，然后将光线反射到被摄对象身上，这在人像、现场摄影中是非常常见的一种补光形式。

▲ 跳闪补光示意图

▶ 使用闪光灯向屋顶照射光线，使之反射到人物身上进行补光，使人物的皮肤显得更加细腻，画面整体感觉也更为柔和。『焦距：60mm ┊光圈：F11 ┊快门速度：1/125s ┊感光度：ISO100』

为人物补充眼神光

眼神光板是中高端闪光灯才拥有的组件，在佳能 600EX-RT、430EX Ⅲ -RT 上就有此组件，平时可收纳在闪光灯的上方，在使用时将其抽出即可。

其最大的作用就是利用闪光灯在垂直方向可旋转一定角度的特点，将闪光灯射出的少量光线反射至人眼中，从而形成漂亮的眼神光。虽然其效果并非最佳（最佳的方法是使用反光板补充眼神光），但至少可以产生一定的效果，让眼睛更有神。

▶ 拉出眼神光板后的闪光灯

▶ 这幅照片是使用闪光灯的反光板为人物补光拍摄的，为人物眼睛补充了一定的眼神光，使之看起来更有神。『焦距：35mm ┊光圈：F2.8 ┊快门速度：1/100s ┊感光度：ISO200』

消除广角拍摄时产生的阴影

当使用闪光灯以广角焦距闪光并拍摄时，画面很可能会超出闪光灯的补光范围，因此就会产生一定的阴影或暗角效果。

此时，可以将闪光灯上面的内置广角散光板拉下来，以最大限度地避免阴影或暗角的形成。

▲ 这幅照片是拉下内置广角散光板后使用 17mm 焦距拍摄的结果，可以看出四角的阴影及暗角并不明显。『焦距：17mm ┆光圈：F5.6 ┆快门速度：1/200s ┆感光度：ISO100』

▲ 此照片是收回内置广角散光板后拍摄的效果，由于画面已经超出闪光灯的广角照射范围，因此形成了较重的阴影及暗角，非常影响画面的表现效果。『焦距：17mm ┆光圈：F5.6 ┆快门速度：1/200s ┆感光度：ISO100』

柔光罩：让光线变得柔和

柔光罩是专用于闪光灯的一种硬件设备，直接使用闪光灯拍摄时会产生比较生硬的光照，而使用柔光罩后，可以让光线变得柔和——当然，光照的强度也会随之变弱，可以使用这种方法为拍摄对象补充自然、柔和的光线。

外置闪光灯的柔光罩类型比较多，其中比较常见的有肥皂盒形、碗形柔光罩等，配合外置闪光灯强大的功能，可以更好地进行照亮或补光处理。

▲ 外置闪光灯的柔光罩

▶ 右图是将闪光灯及柔光罩搭配使用为人物补光后拍摄的效果，可以看出，画面呈现出了非常柔和、自然的光照效果。『焦距：50mm ┆光圈：F2.8 ┆快门速度：1/320s ┆感光度：ISO200』

第 9 章 Canon EOS
90D 人像摄影技巧

正确测光使人物皮肤更细腻

对于拍摄人像而言，皮肤是非常重要的表现对象之一，而要表现细腻、光滑的皮肤，测光是非常重要的一步工作。具体地说，拍摄人像时应采用中央重点测光或点测光模式，对人物的皮肤进行测光。

如果是在午后的强光环境下拍摄，建议找有阴影的地方，如果环境条件不允许，那么可以对皮肤的高光区域进行测光，并对阴影区域进行补光。

在室外拍摄时，如果光线比较强烈，在拍摄时可以人物脸部作为曝光的依据，适当增加半挡或 2/3 挡的曝光补偿，让皮肤获得足够的光线而显得光滑、细腻。其他区域的曝光可以不必太过关注，因为相对其他部位来说，女孩子更在意自己脸部的呈现状态。

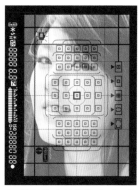

▲ 使用镜头的长焦端对人物面部测光

▶ 以模特面部皮肤作为曝光的依据，在此基础上增加了 0.5 挡曝光补偿，从而使人物皮肤看起来更加白皙、细腻。『焦距：85mm ┊ 光圈：F2.8 ┊ 快门速度：1/100s ┊ 感光度：ISO100 』

用高速快门凝固人物精彩瞬间

如果拍摄静态人物，使用 1/8s 左右的快门速度就可以成功拍摄。当然，在这种情况下，很难达到安全快门速度，此时最好使用三脚架，以保证拍摄到清晰的图像。

如果是拍摄运动人像，那么应根据人物的运动速度来确定快门速度，人物的运动速度越快，快门速度应该越高。如果光线不足的话，还可以通过设置较大的光圈及较高的感光度来获得较高的快门速度。

▲ 使用 1/1000s 的高速快门凝固了女孩纵身跳跃的精彩瞬间。『焦距：70mm ┊光圈：F11 ┊快门速度：1/250s ┊感光度：ISO100』

"S"形构图表现女性柔美的身体曲线

在现代人像拍摄中，尤其是人像摄影中，"S"形构图越来越多地用来表现人物身体的线条感，"S"形构图中弯曲的线条朝哪一个方向及弯曲的力度大小都是有讲究的，弯曲的力度越大，表现出来的力量也就越大。

所以，在人像摄影中，用来表现身体曲线的"S"形线条的弯曲程度都不会太大，否则被摄对象要很用力地凹一个部位的造型，从而影响到其他部位的表现。

▲ "S"形构图是表现女性特有的妩媚、展现漂亮身材常用的构图形式。『焦距：70mm ┊光圈：F2.8 ┊快门速度：1/100s ┊感光度：ISO400』

用侧逆光拍出唯美人像

在拍摄女性人像时，为了将她们漂亮的头发从繁纷复杂的场景中分离出来，常常需要借助低角度的侧逆光来制造漂亮的头发光，从而增加其妩媚动人感。

如果使用自然光，拍摄的时间应该选择在下午5点左右，这时太阳西沉，距离地平线相对较近，因此阳光照射角度较小。拍摄时让模特背侧向太阳，使阳光以斜向45°的方向照向模特，即可形成漂亮的头发光。漂亮的发丝会在光线的照耀下散发出金色的光芒，其质感、发型样式都得到完美表现，使模特看起来更漂亮。

由于背侧向光线，因此需要借助反光板或闪光灯为人物正面进行补光，以表现其光滑细嫩的皮肤。

▶ 侧逆光打亮了人物头发轮廓，形成了黄色发光，将女孩柔美的气质很好地凸显出来了。『焦距：105mm ┊光圈：F4 ┊快门速度：1/400s ┊感光度：ISO100』

逆光塑造剪影效果

在运用逆光拍摄人像时，由于在逆光的作用下，画面会呈现出黑色的剪影，因此逆光常常作为塑造剪影效果的一种表现手法。而在配合其他光线使用时，被摄体背后的光线和其他光线会产生强烈的明暗对比，从而勾勒出人物美妙的线条。也正是因为逆光具有这种艺术效果，因此逆光也被称为"轮廓光"。

通常采用这种手法拍摄户外人像，测光时应该使用点测光的方式，对准天空较亮的云彩进行测光，以确保天空中云彩有细腻、丰富的细节，而主体人像则呈现为轮廓线条清晰、优美的效果。

▲ 对天空较亮的区域进行测光，锁定曝光后再对剪影处的人像进行对焦，使人像由于曝光不足而成为轮廓清晰、优美的剪影效果。『焦距：70mm ┊光圈：F8 ┊快门速度：1/640s ┊感光度：ISO100』

用广角镜头拍摄视觉效果强烈的人像

使用广角或超广角镜头拍摄的照片都会有不同程度的变形，如果要拍摄写实人像，则应该避免使用广角镜头。但如果希望得到更有个性的人像照片，则可以考虑使用广角镜头进行拍摄。

首先，利用广角镜头的变形特性可以修饰模特的身材，在拍摄时只需要将模特的腿部安排在画面的下三分之一处，就能够使其看上去更修长。

其次，可以利用广角镜头透视变形的特性来增强画面的张力与冲击力。

使用镜头的广角端拍摄人像时，应注意如下两点：

1. 拍摄时要距离模特比较近，这样才可以充分发挥广角端的特性。如果使用广角端拍摄时离模特太远，会使主体显得不够突出，且带入太多背景也会使画面显得杂乱。

2. 使用广角镜头拍摄比较容易出现暗角现象，素质越高的镜头则这种现象越不明显。在拍摄时应注意为后期修饰留出较大空间。另外，在为广角镜头搭配遮光罩时，应该使用专用的遮光罩，并注意不要在广角全开时使用，从而避免由于遮光罩的原因所产生的暗角问题。

▲ 使用 18mm 广角镜头靠近模特进行拍摄，模特的双腿得到了拉伸，使模特的身材看起来更加修长。『焦距：18mm ┊光圈：F6.3 ┊快门速度：1/200s ┊感光度：ISO100』

Q：在树荫下拍摄人像时怎样还原出正常的肤色？

A：在树荫下拍摄人像时，树叶所形成的反射光可能会在人脸上形成偏绿、偏黄的颜色，影响画面效果。

那么如何还原出正常的肤色呢？其实只需一个反光板即可。在拍摄时选择一个大尺寸的白色反光板，并尽量靠近被摄人像对其进行补光，使反光效果更明显的同时，还能够有效地屏蔽掉其他反射光，避免多重颜色覆盖的现象，以还原出人物柔和、白皙的肤色。

三分法构图拍摄完美人像

简单来说，三分法构图就是黄金分割法的简化版，是人像摄影中最为常用的一种构图方法，其优点是能够在视觉上给人以愉悦和生动的感受，避免人物居中带来的呆板感觉。

Canon EOS 90D 相机在取景器和实时显示拍摄状态下都提供了可用于进行三分法构图的网格线显示功能，我们可以将它与黄金分割曲线完美地结合在一起使用。

▲ Canon EOS 90D 相机的网格线可以辅助我们轻松地进行三分法构图

对于纵向构图的人像照片而言，通常以眼睛作为三分法构图的参考依据。当然随着拍摄面部特写到全身像的范围变化，构图的标准也略有不同。

▶ 在对人物头部进行特写拍摄时，通常会将人物眼睛置于画面的三分线处。『焦距：50mm ┆ 光圈：F2.8 ┆ 快门速度：1/400s ┆ 感光度：ISO320』

▲ 将人物放在左三分线处，画面显得简洁又不失平衡，给人一种耐看的感觉。『焦距：50mm ┆ 光圈：F2 ┆ 快门速度：1/125s ┆ 感光度：ISO100』

使用道具营造人像照片的氛围

　　为了使画面更具有某种气氛，一些辅助性的道具是必不可少的，例如婚纱、女性写真人像摄影中常用的鲜花，以及阴天拍摄时用的雨伞。这些道具不仅能够为画面增添气氛，还可以使人像摄影中较难摆放的双手呈现较好的姿势。

　　道具的使用不但可以增加画面的内容，还可以营造出一种更加生动、活泼的气息。

▶ 在树林中拍摄情侣照时，女士提着果篮，而男士弯腰去拿果子的动作，让画面有了故事感。『焦距：50mm ┊ 光圈：F4.5 ┊ 快门速度：1/160s ┊ 感光度：ISO200』

中间调记录真实自然的人像

　　中间调的明暗分布没有明显的偏向，画面整体趋于一个比较平衡的状态，在视觉感受上也没有过于轻快和或凝重的感觉。

　　中间调是最常见也是应用最广泛的一种影调形式，其拍摄方法也是最简单的，拍摄时只要保证环境光线比较正常，并设置好合适的曝光参数即可。

▶ 无论是艺术写真还是日常记录，中间调都是摄影师最常用的影调。『焦距：50mm ┊ 光圈：F2.8 ┊ 快门速度：1/250s ┊ 感光度：ISO100』

高调风格适合表现艺术化人像

高调人像的画面影调以亮调为主，暗调部分所占比例非常小，较常用于女性或儿童人像照片，且多偏向艺术化的视觉表现。

在拍摄高调人像时，模特应该穿白色或其他浅色的服装，背景也应该选择相匹配的浅色，并采用顺光照射，以利于画面的表现。在阴天时，光线以散射光为主，此时先使用光圈优先照相模式（A挡）对模特进行测光，然后再切换至手动照相模式（M挡）降低快门速度以提高画面的曝光量。当然，也可以根据实际情况，在光圈优先模式（A挡）下适当增加曝光补偿的数值，以提亮整个画面。

▶ 高调照片能给人轻盈、优美、淡雅的感觉，模特的金色头发及衣服上的图案使得画面有色彩亮点。『焦距：35mm ┊光圈：F11 ┊快门速度：1/125s ┊感光度：ISO1500』

低调风格适合表现个性化人像

与高调人像相反，低调人像的影调构成以较暗的颜色为主，基本由黑色及部分中间调颜色组成，亮调所占的比例较小。

在拍摄低调人像时，如果采用逆光拍摄，应该对背景的高光位置进行测光；如果采用侧光或侧逆光拍摄，通常以黑色或深色作为背景，然后对模特身体上的高光区域进行测光，这样该区域就能以中等亮度或者更暗的影调表现出来，而原来的中间调或阴影部分则呈现为暗调。

在室内或影棚中拍摄低调人像时，根据要表现的主题布置1~2盏灯光，比如正面光通常用于表现深沉、稳重，侧光常用于突出人物的线条，而逆光则常用于表现人物的形体造型或头发（即发丝光），此时模特宜穿着深色的服装，以与整体的影调相协调。

大面积的暗色使画面展现出低调风格，再搭配模特冷酷的表情、浓郁的妆容，展现出了一种冷艳的氛围。『焦距：24mm ┊光圈：F4.5 ┊快门速度：1/200s ┊感光度：ISO200』

为人物补充眼神光

眼神光是指通过光照，人物眼球上形成的微小光斑，从而使人物的眼神更加传神生动。眼神光在刻画人物的神态时有不可替代的作用，其往往也是人像摄影的点睛之笔。

无论是什么样的光源，只要位于人物面前且有足够的亮度，通常都可以形成眼神光。下面介绍几种制造眼神光的方法。

利用反光板制造眼神光

户外摄影通常以太阳光为主光，在晴朗的天气拍摄时，除了顺光，在其他类型的光线下拍摄的人像明暗反差基本都比较明显，因此要使用反光板对阴暗面进行补光（即起辅光的作用），以有效地减小反差。

当然，反光板的作用不仅仅局限在户外摄影，在室内拍摄人像时，也可以利用反光板来反射窗外的自然光。在专业的人像影楼里，通常也会使用数只反光板来起辅助照明的作用。

利用窗户光制造眼神光

在拍摄人像时，最好使用超过肩膀高度的窗户照进来的光线制造眼神光，根据窗户的形态及大小的不同，可形成不同效果的眼神光。

利用闪光灯制造眼神光

利用闪光灯也可以制造眼神光效果，但光点较小。多灯会形成多个眼神光，而单灯会形成一个眼神光，所以在人物摄影中，通过布光的方法制造眼神光时，所使用的闪光灯越少越好。一旦形成大面积的眼神光，反而会使人物显得呆板，不利于人物神态的表现，更起不到画龙点睛的作用。

▲ 通过在模特前面安放反光板的方法，使模特的眼睛中呈现出明亮的眼神光，人物看起来更加有神。『焦距：85mm ┊ 光圈：F2.8 ┊ 快门速度：1/100s ┊ 感光度：ISO100 』

▶ 使用闪光灯为人物补充眼神光，明亮的眼神光使人物变得很有精神，模特熠熠闪亮的眼睛成了画面的焦点。『焦距：35mm ┊ 光圈：F10 ┊ 快门速度：1/125s ┊ 感光度：ISO100 』

用玩具吸引儿童的注意力

儿童摄影非常重视道具的使用，这些东西能够吸引孩子的注意力，让他们表现出更自然、真实的一面。很多生活中常见的东西，只要能引起孩子们的兴趣，都可以成为道具，这样，拍摄出来的照片气氛更活跃，内容更丰富，画面也更有意思。

▶ 孩子看到玩具，简直就是爱不释手，抱起玩具就完全进入了自己的世界。『焦距：70mm ┊光圈：F7.1 ┊快门速度：1/160s ┊感光度：ISO400』

禁用闪光灯以保护儿童的眼睛

闪光灯的瞬间强光对儿童尚未发育成熟的眼睛有害，因此，为了他们的健康着想，拍摄时一定不要使用闪光灯。

在室外拍摄时通常比较容易获得充足的光线，而在室内拍摄时，应尽可能打开更多的灯或选择在窗户附近光线较好的地方，来提高光照强度，然后配合高感光度、镜头的防抖功能及倚靠物体等方法，保持相机的稳定。

▲ 儿童面部占据画面的较大面积，黑亮的眼睛非常吸引人。在拍摄时要注意保护孩子娇嫩的眼睛，禁用闪光灯。『焦距：50mm ┊光圈：F4 ┊快门速度：1/250s ┊感光度：ISO320』

利用特写记录儿童丰富的面部表情

儿童的表情总是非常自然、丰富，也正因为如此，儿童面部才成为很多摄影师喜欢拍摄的题材。在拍摄时，儿童明亮、清澈的眼睛是摄影师需要重点表现的部位。

▶ 摄影师抓拍到了小孩哭泣的表情，画面生动而有趣。『焦距：50mm ┊ 光圈：F4 ┊ 快门速度：1/125s ┊ 感光度：ISO100』

增加曝光补偿表现娇嫩的肌肤

绝大多数儿童的皮肤都可以用"剥了壳的鸡蛋"来形容，在实际拍摄时，儿童的肌肤也是需要重点表现的部位，因此，如何表现儿童娇嫩的肌肤，就是每一个专业儿童摄影师甚至家长应该掌握的技巧。首先，给儿童拍摄时应尽量使用散射光，在这样的光线下拍摄儿童，不会出现光比较大的情况，也不会出现浓重的阴影，画面整体影调柔和、细腻，儿童的皮肤看起来也更加柔和、细腻。其次，可以在拍摄时增加曝光补偿，即在正常的测光数值的基础上，适当地增加 0.3~1 挡的曝光补偿，这样拍摄出的照片更亮、更通透，儿童的皮肤也会更加粉嫩、白皙。

▶ 利用柔和的散射光拍摄的儿童并适当增加曝光补偿，使小孩的皮肤显得更加柔滑、娇嫩。『焦距：35mm ┊ 光圈：F5.6 ┊ 快门速度：1/100s ┊ 感光度：ISO100』

第 10 章 Canon EOS 90D
风光摄影技巧

拍摄山峦的技巧

连绵起伏的山峦，是众多风光题材中最具视觉震撼力的一种。虽然拍摄出成功的山峦作品，背后要付出许多的辛劳和汗水，但还是有非常多的摄影师乐此不疲。

不同角度表现山峦的壮阔

拍摄山峦最重要的是要把雄伟壮阔的整体气势表现出来。"远取其势，近取其貌"的说法非常适合拍摄山峦。要突出山峦的气势，就要尝试从不同的角度去拍摄，如诗中所说的"横看成岭侧成峰，远近高低各不同"，所以必须寻找一个最佳的拍摄角度。

采用最多的角度无疑还是仰视，以表现山峦的高大、耸立。当然，如果身处山峦之巅或较高的位置，则可以采取俯视的角度表现"一览众山小"之势。

另外，平视也是采取较多的拍摄角度，这种视角下拍摄出的山峦比较容易形成三角形构图，从而表现其连绵壮阔与耸立的气势。

用云雾表现山的灵秀飘逸

高山与云雾总是相伴相生，各大名山的著名景观中多有"云海"，例如在黄山、泰山、庐山都能够拍摄到很漂亮的云海照片。当云雾笼罩山体时，山的形体就会变得模糊不清，部分细节被遮挡住，于是朦胧之中产生了一种不确定感。拍摄这样的山脉，会使画面产生一种神秘、缥缈的意境，山脉也因此变得更加灵秀飘逸。

如果只是拍摄飘过山顶或半山的云彩，选择合适的天气即可，高空的流云在风的作用下，会在山间产生时聚时散的效果，拍摄时多采用仰视的角度。

如果拍摄的是山间云海的效果，应该注意选择较高的拍摄位置，以至少平视的角度进行拍摄，在选择光线时应该采用逆光或侧逆光，同时注意对画面做正向曝光补偿。

▲ 摄影师位于较低位置仰视拍摄大山，山体自身的纹理很好地突出了其高耸的气势。『焦距：70mm │光圈：F10 │快门速度：1/250s │感光度：ISO400』

▲ 山间的云雾为山体增加了缥缈的神秘感，使整个画面兼具形式美感与意境美感。『焦距：18mm │光圈：F20 │快门速度：1/2s │感光度：ISO100』

用前景衬托山峦表现季节之美

在不同的季节里，山峦会呈现出不一样的景色。

春天的山峦在鲜花的簇拥之下，显得美丽多姿；夏天的山峦被层层树木和小花覆盖，显示出大自然强大的生命力；秋天的红叶使山峦显得浪漫、奔放；冬天山上大片的积雪又让人感到寒冷和宁静。可以说四季之中，山峦各有美感，只要寻找合适的拍摄角度即可。

在拍摄不同时节的山峦时，要注意通过构图方式、景别选择、前景或背景衬托等手段表现出山峦的特点。

▲ 前景中火红的树叶说明了现在正值深秋，画面给人以秋色浓郁的感觉。『焦距：24mm ┆ 光圈：F11 ┆ 快门速度：1/125s ┆ 感光度：ISO200』

用光线塑造山峦的雄奇伟峻

在有直射阳光的时候，用侧光拍摄有利于表现山峦的层次感和立体感，明暗层次使画面更加富有活力。如果能够遇到日照金山的光线，更是不可多得的拍摄良机。

采用侧逆光并对亮处进行测光，拍摄山体的剪影照片，也是一种不错的表现山峦的方法。在侧逆光的照射下，山体往往有一部分处于阴影之中，还有一部分处于光照之中，因此不仅能够表现出山体明显的轮廓线条和少部分细节，还能够在画面中形成漂亮的明暗对比，比逆光更容易出效果。

▲ 夕阳时分，采用侧逆光拍摄嶙峋的群山，山体呈现出层层叠叠的半剪影效果，增强了画面的层次感。『焦距：50mm ┆ 光圈：F8 ┆ 快门速度：1/40s ┆ 感光度：ISO200』

Q：如何拍出色彩鲜艳的图像？

A：可以在"照片风格"菜单中选择色彩表现较为鲜艳的"风光"风格选项。

如果想要使色彩看起来更为艳丽，可以提高"饱和度"选项的数值；另外，提高"反差"选项的数值也会使照片的色彩更为鲜艳。不过需要注意的是，在调节数值时不能改变过大，否则会出现色彩失真的现象，导致画面细节损失。

拍摄树木的技巧

以逆光表现枝干的线条

在拍摄树木时，可将树干作为画面突出呈现的重点，采用较低机位的仰视视角进行拍摄，以简练的天空作为画面背景，在其衬托之下重点表现枝干的线条造型。这样的照片往往有较大的光比，因此多采用逆光进行拍摄。

▲ 摄影师采用剪影的形式对树木的外形特征进行了重点表现，给人留下了十分深刻的印象。『焦距：24mm ┊光圈：F10 ┊快门速度：1/800s ┊感光度：ISO100』

仰视拍摄表现树木的挺拔与树叶的通透美感

采用仰视的角度拍摄树木，有以下两个优点：

1. 如果拍摄时使用的是广角端镜头，可以在画面中获得树木向中间汇聚的奇特视觉效果，大大增强了画面的新奇感，即使未使用广角端镜头，也能够拍摄出树梢直插蓝天或树冠遮天蔽日的效果。

2. 可以借助蓝天背景与逆光照射，拍摄出背景色彩纯粹、质感通透的树叶，在拍摄时应该对树叶中比较明亮的区域测光，从而使这部分区域得到正确曝光，而树干则会在画面中以阴影线条的形式出现。拍摄时还可以尝试做正向曝光补偿，以增强树叶的通透质感。

▲ 仰拍角度直接、简洁地凸显树木的高大，并且树叶在逆光照射下更为通透。『焦距：18mm ┊光圈：F7.1 ┊快门速度：1/250s ┊感光度：ISO200』

拍摄树叶展现季节之美

　　树叶也是无数摄影师喜爱的拍摄题材之一，无论是金黄色的还是火红色的树叶，总能够在恰当的对比下展现出异乎寻常的美丽。如果希望表现漫山红遍、层林尽染的整体气氛，应该用广角端镜头；而长焦端镜头则适用于对树叶进行局部特写表现。由于拍摄树叶的重点是表现其颜色，因此拍摄时应该将重点放在画面的背景色选择方面，要以最恰当的背景色来对比或衬托树叶。

　　想要拍出漂亮的树叶，最好的季节是夏天或秋天。夏季的树叶茂盛而翠绿，拍摄出的照片充满生机与活力；如果在秋天拍摄，由于树叶呈现灿烂的金黄色，能够给人一种强烈的丰收喜悦感。

▶ 火红色的枫叶有种秋意浓浓的感觉，可以通过适当减少曝光补偿来增加色彩饱和度，从而突出其强烈的季节感。『焦距：70mm ┊光圈：F3.5 ┊快门速度：1/1250s ┊感光度：ISO250』

捕捉林间光线使画面更具神圣感

　　当阳光穿透树林时，由于被树叶及树枝遮挡，因此会形成一束束透射林间的光线，这种光线被摄友称为"耶稣圣光"，能够为画面增加神圣感。

　　要拍摄这样的题材，最好选择早晨及近黄昏时分，此时太阳光线斜射进树林中，能够获得最好的画面效果。在实际拍摄时，可以迎着光线，以逆光形式进行拍摄；也可与光线平行，以侧光形式进行拍摄。在曝光方面；可以以林间光线的亮度为准拍摄出暗调照片，以衬托林间的光线；也可以在此基础上，增加1~2挡曝光补偿，使画面多一些细节。

▶ 穿透林木的光线呈发散状，增添了神圣感，也使画面呈现出强烈的形式美感。『焦距：20mm ┊光圈：F10 ┊快门速度：1/60s ┊感光度：ISO320』

拍摄花卉的技巧

用水滴衬托花朵的娇艳

在早晨的花园、森林中能够发现无数出现在花瓣、叶面、枝条上的露珠，在阳光下显得晶莹闪烁、玲珑可爱。拍摄带有露珠的花朵，能够表现出花朵的娇艳与清新的自然感。

要拍摄带有露珠的花朵，最好使用微距镜头以特写的景别，使分布在叶面、叶尖、花瓣上的露珠不但给人一种滋润的感觉，还能够在画面中形成奇妙的光影效果。景深范围内的露珠清晰明亮、晶莹剔透；而景深外的露珠却形成一些圆形或六角形的光斑，装饰、美化着背景，给画面平添几分情趣。

如果没有拍摄露珠的条件，也可以用喷壶对着花朵喷几下，从而使花朵上沾满水珠。

▲ 雨过天晴之后的花朵上落满了水珠，清新动人，大小不一、晶莹剔透的水珠将花朵点缀得倍显娇艳，使画面看起来更富有生机。『焦距：70mm ┆光圈：F4 ┆快门速度：1/100s ┆感光度：ISO125』

拍出有意境和富神韵的花卉

意境是中国古典美学中一个特有的范畴，反映在花卉摄影中，指拍摄者的花卉作品中的思想情感与客观景象交融而产生的一种境界。意境的形成与拍摄者的主观意识、文化修养及情感境遇密切相关，花卉的外形、质感乃至影调、色彩等视觉因素都可能触发拍摄者的联想，因而意境的流露常常伴随着拍摄者丰富的情感，在表达上多采用移情于物或借物抒情的手法。我国古典诗词中有很多脍炙人口的咏花诗句，例如"墙角数枝梅，凌寒独自开""短短桃花临水岸，轻轻柳絮点人衣""冲天香阵透长安，满城尽带黄金甲"，将类似的诗句熟记于心，以便在看到相应的场景时就能引发联想，以物抒情，使作品具有诗境。

▲ 以独具新意的角度拍摄水中荷花的倒影，让人觉得好像在画里看花，整个画面给人一种婉约的古典美感。『焦距：70mm ┆光圈：F5 ┆快门速度：1/200s ┆感光度：ISO100』

选择最能够衬托花卉的背景颜色

在花卉摄影中，背景色作为画面的重要组成部分，起到烘托主体、丰富作品内涵的积极作用。不同的颜色给人不一样的感觉，对比强烈的色彩会使主体与背景间的对比关系更加突出，而和谐的色彩搭配则让人有惬意、祥和之感。

通常可以采取深色、浅色、蓝天 3 种背景拍摄花卉。使用深色或浅色背景拍摄花卉的视觉效果极佳，画面中蕴涵着一种特殊的氛围。其中又以最深的黑色与最浅的白色背景最为常见，黑色背景使花卉显得神秘，主体非常突出；白色背景的画面显得简洁，给人一种很纯洁的视觉感受。

拍摄背景全黑的花卉照片的方法有两种：一是在花朵后面安排一张黑色的背景布；二是如果被摄花朵正好处于受光较好的位置，而背景的光线不充足，此时使用点测光对花朵亮部进行测光，这样也能拍摄到背景几乎全黑的照片。

如果所拍摄花卉的背景过于杂乱，或者要拍摄的花卉面积较大，无法通过放置深色或浅色布或板子的方法进行拍摄，则可以考虑采用仰视角度，以蓝天为背景进行拍摄，以使画面中的花卉在蓝天的映衬下显得干净、清晰。

逆光拍出具透明感的花瓣

逆光拍摄花卉时，可以清晰地勾勒出花朵的轮廓。如果所拍摄的花瓣较薄，则光线能够透过花瓣，使其呈现出透明或半透明效果，从而更细腻地表现出花的质感、层次和纹理。拍摄时要用闪光灯、反光板进行适当的补光处理，并对透明的花瓣以点测光模式测光，以花瓣的亮度为基准进行曝光。

▲ 白色的背景衬托着淡紫色的花卉，拍摄时为了使画面显得清新、淡雅，增加了 1 挡曝光补偿。『焦距：90mm ┊ 光圈：F3.2 ┊ 快门速度：1/250s ┊ 感光度：ISO200』

▲ 以干净的蓝天为画面的背景，更突出了粉色的樱花，给人清新、自然的感觉。『焦距：100mm ┊ 光圈：F5.6 ┊ 快门速度：1/800s ┊ 感光度：ISO100』

▲ 采用逆光拍摄的角度，花瓣在蓝天的衬托下呈现出好看的半透明效果。『焦距：50mm ┊ 光圈：F5.6 ┊ 快门速度：1/1000s ┊ 感光度：ISO200』

拍摄溪流与瀑布的技巧

用不同快门速度表现不同感觉的溪流与瀑布

要拍摄出如丝绸般质感的溪流与瀑布，拍摄时应使用较慢的快门速度。为了防止曝光过度，应使用较小的光圈来拍摄，并安装中灰滤镜，这样拍摄出来的瀑布是流畅的，就像丝绸一般。

由于使用的快门速度很慢，所以拍摄时要使用三脚架。除了采用慢速快门拍出如丝绸般的质感外，还可以使用高速快门凝固瀑布或水流跌落的美景，虽然谈不上有大珠小珠落玉盘之感，却也能很好地表现出瀑布的势差与水流的奔腾之势。

▲ 采用高速快门拍摄的瀑布，水花都定格在画面中，给人以气势磅礴的感觉。『焦距：24mm ¦ 光圈：F11 ¦ 快门速度：1/500s ¦ 感光度：ISO400』

▲ 通过安装中灰镜来降低镜头的进光量，从而使用较慢的快门速度将水流拍得像丝绸般顺滑、美丽。『焦距：24mm ¦ 光圈：F18 ¦ 快门速度：2s ¦ 感光度：ISO100』

通过对比突出瀑布的气势

在没有对比的情况下，很难通过画面直观判断一个事物的体量，因此，如果在拍摄瀑布时希望表现出瀑布宏大的气势，就应该在画面中加入容易判断大小体量的画面元素，从而通过大小对比来凸显瀑布的气势，最常见、常用的元素就是瀑布周边的游客或小船。

▲ 通过与前景的对比，观者感受到了瀑布宏大的气势。『焦距：28mm ¦ 光圈：F11 ¦ 快门速度：1/500s ¦ 感光度：ISO200』

拍摄湖泊的技巧

拍摄倒影使湖泊更显静逸

蓝天、白云、山峦、树林等都会在湖面上形成美丽的倒影，在拍摄湖泊时可以采取对称构图的方法，将水平面放在画面中的中间位置，画面的上半部分为天空，下半部分为倒影，从而使画面显得更加具有对称美。也可以按三分法构图原则，将水平面放在画面的上三分之一或下三分之一位置，使画面更富有变化。

要在画面中展现美妙的倒影，在拍摄时要注意以下几点：

1. 波动的水面不会展现完美倒影，因此应选择在风很小的时候进行拍摄，以保持湖面的平静。

2. 在画面中能够表现多少水面的倒影，与拍摄角度有关，角度越低，映入镜头的倒影就越多。

3. 逆光与侧逆光是表现倒影的首选光线，应尽量避免使用顺光或顶光拍摄。

4. 在倒影存在的情况下，应该适当增加曝光补偿，以使画面的曝光更准确。

▲ 使用对称式构图拍摄湖面，建筑、树木、天空与水中的倒影形成虚实对比，使湖面显得更加宁静、和谐。『焦距：18mm ┊光圈：F13 ┊快门速度：1/2s ┊感光度：ISO100』

选择合适的陪体使湖泊更有活力

在拍摄湖泊时，应适当选取岸边的景物作为衬托，如湖边的树木、花卉、岩石、山峰等，如果能够以飞鸟、游人、小船等运动的对象作为陪体，能够使平静的湖面充满生机，也更具活力。

▶ 绚丽的画面色彩、平稳的水平线构图及水面上浮游的白鹅使湖泊显得更和谐、静逸。『焦距：200mm ┊光圈：F8 ┊快门速度：1/180s ┊感光度：ISO400』

拍摄雾霭景象的技巧

雾气不仅增强了画面的透视感，还赋予了照片朦胧的气氛，使照片具有别样的诗情画意。一般来说，由于浓雾天气的能见度较差，透视性不好，因此通常应选择薄雾天气拍摄雾景。薄雾的湿度较低，能见度和光线的透视性都比浓雾好很多，在薄雾环境中，近景可以较清晰地呈现在画面中，而中景和远景要么被雾气所完全掩盖，要么就在雾气中若隐若现，有利于营造神秘的氛围。

调整曝光补偿使雾气更洁净

在顺光或顶光照射下，雾会产生强烈的反射光，容易使整个画面显得苍白，色泽较差且没有质感。而采用逆光、侧逆光或前侧光拍摄，更有利于表现画面的透视感和层次感，通过画面中的光与影营造出一种更飘逸的意境。因此，雾景适宜用逆光或侧逆光来表现，逆光或侧逆光还可以使画面远处的景物呈现为剪影效果，从而使画面更有空间感。

在选择了正确的光线后，还需要适当调整曝光补偿，因为雾是由许多细小的水珠构成的，可以反射大量的光线，所以雾景的亮度较高，因此根据白加黑减的曝光补偿原则，通常应该增加 1/3~1 挡的曝光补偿。

调整曝光补偿时，还要考虑所拍摄场景中雾气的面积这个因素，面积越大意味着场景越亮，就越应该增加曝光补偿；若面积很小，则不必增加曝光补偿。

▲ 增加曝光补偿使雾气更加洁白，并与若隐若现的梯田形成了虚实对比，使画面显得更加神秘、飘逸。『焦距：28mm ┆ 光圈：F7.1 ┆ 快门速度：1/200s ┆ 感光度：ISO400』

善用景别使画面更有层次

由于雾气对光有强烈散射作用，雾气中的景物具有明显的空气透视效果，因此越远处的景物看上去越模糊。如果在构图时充分考虑这一点，就能够使画面具有明显的层次感。

因为雾气属于亮度较高的景物，因此当画面中存在暗调景物并与雾气相互交织时，能够使画面具有明显的层次和对比。

要做到这一点，首先应该选择用逆光进行拍摄，其次在构图时应该利用远景来衬托前景与中景，利用光线造成的前景、中景、远景之间不同的色调对比，使画面更具有层次。

▲ 在缭绕的雾气笼罩下，水面的倒影、雾气环绕的建筑和山脉，以及蓝天、白云，分别以程度不同的明暗色调出现在画面中，画面的层次十分丰富，使观者能够强烈地感受到画面广袤的空间感。『焦距：35mm ┊光圈：F8 ┊快门速度：1/500s ┊感光度：ISO200』

拍摄日出、日落的技巧

日出、日落是许多摄影师最喜爱的拍摄题材之一，诸多获奖的摄影作品中也不乏以此为拍摄主题的照片，但由于太阳是非常明亮的光源，无论是对其测光还是曝光都有一定的难度，因此，如果不掌握一定的拍摄技巧，很难拍摄出漂亮的日出、日落照片。

选择正确的曝光参数是拍摄成功的开始

拍摄日出、日落时，较难掌握的是曝光控制。日出、日落时，天空和地面的亮度反差较大，如果对太阳测光，太阳及其周围的层次和色彩会有较好的表现，但会导致云彩、天空和地面上的景物因曝光不足而呈现出一片漆黑的景象；对地面上的景物测光，会导致太阳和周围的天空因曝光过度而失去色彩和层次。

正确的曝光方法是使用中心测光模式，对太阳附近的天空进行测光，这样不会导致太阳曝光过度，而天空中的云彩及地面景物也有较好的表现。

▶ 波光粼粼的水面丰富了夕阳画面，拍摄时适当减少曝光补偿，使波光更明显。『焦距：17mm ┊光圈：F9 ┊快门速度：1/500s ┊感光度：ISO125』

用云彩衬托太阳使画面更辉煌

　　拍摄日出、日落时，云彩是很重要的表现对象，无论是日在云中还是云在日旁，在太阳的照射下，云彩都会表现出异乎寻常的美丽色彩，从云彩中间或旁边透射出来的光线更应该是重点表现的对象。因此，拍摄日出、日落的最佳季节是春、秋两季，此时云彩较多，可增强画面的艺术感染力。

▶ 漫天的晚霞，看起来很有气势，画面张力十足。『焦距：17mm ┊光圈：F8 ┊快门速度：1/1600s ┊感光度：ISO200』

用合适的陪体为照片添姿增色

　　从画面构成来讲，拍摄日出、日落时，不要直接将镜头对着天空，这样拍摄出的照片太过于单调。拍摄时可以选择树木、山峰、草原、大海、河流等景物作为前景，以衬托日出、日落时特殊的氛围。尤其是以树木等景物作为前景时，树木可以呈现出漂亮的剪影效果。阴暗的前景能和较亮的天空形成鲜明的对比，从而增强画面的形式美感。

　　如果要拍摄的日出或日落的场景中有水面，可以在构图时选择天空、水面各占一半的形式，或者在画面中加大水面的区域，此时如果依据水面进行曝光，可以适当提高一挡或半挡曝光量，以抵消光线因水面折射而产生的损失。

▶ 画面中心的天鹅，让画面变得生动，也起到了点明视觉中心点的作用。『焦距：200mm ┊光圈：F14 ┊快门速度：1/125s ┊感光度：ISO100』

善用 RAW 格式为后期处理留有余地

　　大多数初学者在拍摄日出、日落场景时，得到的照片要么是一片漆黑，要么是一片亮白，高光部分完全没有细节。因此，对于新手摄影师而言，除了在测光与拍摄技巧方面要加强练习外，还可以在拍摄时为后期处理留有余地，以挽回这种可能"报废"的片子，即将照片的保存格式设置为 RAW 格式，或者 RAW&JPEG 格式，这样拍摄后就可以对照片进行更多的后期处理，以便得到最完美的照片。

拍摄冰雪的技巧

运用曝光补偿准确还原白雪

由于雪的亮度很高，如果按照相机给出的测光值曝光，会造成曝光不足，使拍摄出的雪呈灰色，所以拍摄雪景时一般都要使用曝光补偿功能对曝光进行修正，通常需增加 1~2 挡曝光补偿。也并不是所有的雪景都需要进行曝光补偿，如果所拍摄的场景中白雪的面积较小，则无须做曝光补偿处理。

▲ 未增加曝光补偿拍摄的画面

◀ 由于拍摄时增加了 1 挡曝光补偿，因此，整个画面十分明亮。『焦距：20mm ┆ 光圈：F9 ┆ 快门速度：1/400s ┆ 感光度：ISO200』

用白平衡塑造雪景的个性色调

在拍摄雪景时，摄影师可以结合实际环境的光源色温进行拍摄，以得到洁净的纯白影调、清冷的蓝色影调或与夕阳形成冷暖对比影调，也可以结合相机的白平衡设置来获得独具创意的画面影调效果，以服务于画面的主题。

◀ 在日落时分，将白平衡设置为"钨丝灯"模式，使画面色调呈现为淡紫色，营造出了一种梦幻的美感。『焦距：100mm ┆ 光圈：F5.6 ┆ 快门速度：2s ┆ 感光度：ISO100』

雪地、雪山、雾凇都是极佳的拍摄对象

在拍摄开阔、空旷的雪地时，为了让画面更具有层次和质感，可以采用低角度逆光拍摄，使得远处低斜的太阳不仅为开阔的雪地铺上一层浓郁的色彩，还能将雪地细腻的质感凸显出来。

雪与雾一样，如果没有对比衬托，表现效果则不会太理想，因此在拍摄雪山与雾凇时，可以通过构图使山体上裸露出来的暗调山岩、树枝与白雪形成对比。

如果没有合适的拍摄条件，可以将注意力放在类似于花草这样随处可见的微小景观上，拍摄在冰雪中绽放的美丽花朵。

▲ 由于使用偏振镜过滤掉了天空中的杂色，提高了画面的饱和度，因此在蓝天背景的衬托下，雾凇显得更加洁白。『焦距：70mm ┊ 光圈：F8 ┊ 快门速度：1/1000s ┊ 感光度：ISO125』

选对光线让冰雪晶莹剔透

拍摄冰雪的最佳光线是逆光、侧逆光，采用这两种光线进行拍摄，能够使光线穿透冰雪，从而表现出冰雪晶莹剔透的质感。

光线穿透冰晶，使其在暗背景的衬托下显得很通透，清脆的质感生动逼真。
『焦距：60mm ┊ 光圈：F5.6 ┊ 快门速度：1/800s ┊ 感光度：ISO320』

第 11 章 Canon EOS 90D
动物摄影技巧

选择合适的角度和方向拍摄昆虫

拍摄昆虫时应注意拍摄角度的选择，在多数情况下，以平视角度拍摄能取得更好的效果，因为这样拍摄到的画面看起来十分亲切。

拍摄昆虫时还应注意拍摄的方向。根据昆虫身体结构的特点，大多数情况下会选择从侧面拍摄，这样能在画面中看到更多的昆虫形体结构和色彩等特征。

不过也可以打破传统，从正面的角度拍摄，这样拍摄到的昆虫往往看起来非常可爱，很容易令人产生联想，使画面具有幽默的效果。

▲ 从这4张蝴蝶微距作品中可以看出，采用与蝴蝶翅膀平面垂直的角度拍摄的效果最好

手动精确对焦拍摄昆虫

对于拍摄昆虫而言，必须将焦点放在非常细微的地方，如昆虫的复眼、触角、粘到身上的露珠及花粉等位置，但要达到如此精细的程度，相机的自动对焦功能往往很难胜任。因此，通常使用手动对焦功能进行准确对焦，从而获得质量更高的画面。

如果所拍摄的昆虫属于警觉性较低的类型，应该使用三脚架以帮助对焦，否则只能通过手持的方式进行对焦，以应对昆虫可能随时飞起、逃离等突发情况。

▲ 手动对焦拍摄的小景深画面，虚化的背景很好地突出了昆虫主体。『焦距：90mm┊光圈：F3.2┊快门速度：1/500s┊感光度：ISO320』

将拍摄重点放在昆虫的眼睛上

昆虫的眼睛有两种，一种是复眼，每只复眼都是由成千上万只六边形的小眼紧密排列组合而成的；另一种是单眼，结构极其简单，只不过是一个突出的水晶体。从摄影的角度来看，在拍摄昆虫时，无论是具有复眼的蚂蚁、蜻蜓、蜜蜂，还是具有单眼结构的蜘蛛，都应该将拍摄的重点放在昆虫的眼睛上。这样不但能够使画面中的昆虫显得更生动，而且还能够让人领略到昆虫眼睛的结构之美。

▲ 使用点测光对黄蜂的眼睛进行测光，得到具有强烈感染力的画面。『焦距：180mm ┊ 光圈：F11 ┊ 快门速度：1/80s ┊ 感光度：ISO200』

选择合适的光线拍摄昆虫

拍摄昆虫的光线通常以顺光和侧光为佳，顺光拍摄能较好地表现昆虫的色泽，使照片看起来十分鲜艳动人；而侧光拍摄的昆虫富有明暗层次，有着非常不错的视觉效果。

逆光或侧逆光在昆虫摄影中使用得也较为频繁，如果运用得好，也可以拍摄出非常精彩的照片，尤其是在拍摄半透明体的昆虫，如蝴蝶、蜻蜓、螳螂等时，逆光拍摄的效果非常别致。

▶ 采用逆光拍摄蝴蝶，在深色背景的衬托下，其半透明状的翅膀表现得很别致。『焦距：100mm ┊ 光圈：F7.1 ┊ 快门速度：1/250s ┊ 感光度：ISO400』

捕捉鸟儿最动人的瞬间

一个漂亮的画面，只能够令人赞叹，而一个有意义、有情感的画面则会令人难忘，这正是摄影的力量。

与人类一样，鸟类同样拥有丰富的情感世界，也有喜悦哀愁，不同的情感会表现出不同的动作。以艺术写意的手法来表现鸟类在自然生态环境中感人至深的情感，就能够为照片带来感情色彩，从而打动观众。

因此，在拍摄鸟类时，可以注意捕捉鸟类之间喂哺、争吵、呵护的画面，这样拍出的照片就具有了超越同类作品的内涵，使人感觉到画面中的鸟儿是鲜活的，与人类一样有情、有爱，从而引起观众的情感共鸣。

▲ 两只鹅正依偎在一起，画面温馨且动人，由于运动的幅度不大，使用单次自动对焦模式就可满足拍摄需求。『焦距：200mm ┊ 光圈：F5.6 ┊ 快门速度：1/1250s ┊ 感光度：ISO200』

选择合适的背景拍摄鸟儿

对于拍摄鸟类来说，最合适的背景莫过于天空和水面。一方面可以获得比较干净的背景，突出被摄体的主体地位；另一方面，天空和水面在表达鸟类生存环境方面比较有代表性，例如，在拍摄鹳、野鸭等水禽时，以水面为背景可以很好地交代其生存的环境。

▲ 以蓝天作为背景拍摄的飞鹰，简单、明了的背景很好地衬托出了飞鹰的身姿。『焦距：40mm ┊ 光圈：F8 ┊ 快门速度：1/800s ┊ 感光度：ISO320』

选择最合适的光线拍摄鸟儿和游禽

在拍摄鸟类时，如果其身体上的羽毛较多且均匀，颜色也很丰富，不妨采用顺光进行拍摄，以充分表现其华美的羽翼。

如果光线不够充分，不妨采用逆光的方式进行拍摄，以将其半透明的羽毛拍摄成为环绕身体的明亮的外轮廓线。

如果逆光较强，可以针对天空较明亮处测光，并在拍摄时做负向曝光补偿，从而将鸟儿表现为深黑的剪影效果。

▲ 逆光照射下使用长焦镜头拍摄，波光粼粼的水面上一只美丽的天鹅羽毛呈半透明状，画面极具美感，不失为一幅好的作品。『焦距：200mm ┊光圈：F8 ┊快门速度：1/250s ┊感光度：ISO200』

▲ 采用顺光拍摄，可以很好地表现鸟儿羽毛的质感与颜色。『焦距：500mm ┊光圈：F6.3 ┊快门速度：1/320s ┊感光度：ISO400』

选择合适的景别拍摄鸟儿

要以写实的手法表现鸟类，可以采取拍摄整体的手法，也可以采取拍摄局部特写的手法。表现整体的优点在于，能够使照片更具故事性，纪实、叙事的意味很浓，能够让观众欣赏到完整且优美的鸟类形体。

如果要拍摄鸟类的局部特写，可以将着眼点放在如天鹅的曲颈、孔雀的尾翼、飞鹰的硬喙、猫头鹰的眼睛这样极具特征的局部上，以这样的景别拍出的照片能给人留下深刻的印象。如果用特写表现鸟类的头部，拍摄时应对焦在鸟儿的眼睛上。

▲ 要用特写的景别拍摄别具特色的鸟儿头部，纤毫毕现的头部给人极强的视觉冲击力。『焦距：300mm ┊光圈：F5 ┊快门速度：1/400s ┊感光度：ISO200』

第 12 章 Canon EOS 90D
建筑摄影技巧

合理安排线条使画面有强烈的透视感

拍摄建筑题材的作品时，如果要保证画面有真实的透视效果与较大的纵深空间，可以根据需要寻找合适的拍摄角度和位置，并在构图时充分利用透视规律。

在建筑物中选取平行的轮廓线条，如桥索、扶手、路基，使其在远方交汇于一点，从而营造出强烈的透视感，这样的拍摄手法在拍摄隧道、长廊、桥梁、道路等题材时最为常用。

如果所拍摄的建筑物体量不够宏伟、纵深不够大，可以利用相机广角端来夸张强调建筑物线条的变化，或在构图时选取排列整齐、变化均匀的对象，如一排窗户、一列廊柱、一排地面的瓷砖等。

▶ 利用广角端拍摄的走廊，由于透视的原因，其结构线条形成了向远处一点汇聚的效果，从而大大延伸了画面的视觉纵深，增强了画面的空间感。『焦距：18mm ┊ 光圈：F10 ┊ 快门速度：1/50s ┊ 感光度：ISO400』

用侧光增强建筑的立体感

利用侧光拍摄建筑时，由于光线照射的原因，画面中会出现阴影或投影，建筑外立面的屋脊、挑檐、外飘窗、阳台均能够形成比较明显的明暗对比，因此能够很好地突出建筑的立体感和空间感。

要注意的是，此时最好以斜向 45° 的角度进行拍摄，从正面或背面拍摄时，由于只能够展示一个面，因此不会表现出理想的立体效果。

▶ 利用侧光拍摄具有地域特色的建筑，强烈的明暗对比将建筑的立体感表现得很突出。『焦距：200mm ┊ 光圈：F16 ┊ 快门速度：1/100s ┊ 感光度：ISO100』

逆光拍摄勾勒建筑优美的轮廓

逆光对于表现轮廓分明、结构有形式美感的建筑非常有效，如果要拍摄的建筑环境比较杂乱且无法避让，摄影师就可以将拍摄的时间安排在傍晚，用天空的余光将建筑拍摄成为剪影效果。此时，太阳即将落下，也是夜幕将至、华灯初上之时，拍摄出来的画面中不仅有大片的深色调区域，还伴有星星点点的色彩与灯光，使画面明暗平衡、虚实相衬，而且略带神秘感，能够引发观众的联想。

在实际拍摄时，只需要针对天空中的亮处进行测光，建筑物就会由于曝光不足而呈现为黑色的剪影效果。如果按此方法得到的是半剪影效果，可以通过降低曝光补偿使暗处更暗，从而使建筑物的轮廓更明显。

▲ 夕阳西下，以暖色的天空为背景，采用逆光拍摄，使被摄建筑呈现为美妙的剪影效果。『焦距：50mm ┊ 光圈：F8 ┊ 快门速度：1/125s ┊ 感光度：ISO100』

用长焦展现建筑独特的外部细节

如果觉得建筑物的局部细节非常完美，则不妨使用长焦镜头，对局部进行特写拍摄，这样可以使建筑的局部细节得到放大，从而给观者留下更加深刻的印象。

▲ 利用长焦镜头以仰视的角度拍摄带有异域风情的建筑局部，其精美的雕刻让观者感受到建筑整体的辉煌与气派。『焦距：180mm ┊ 光圈：F5.6 ┊ 快门速度：1/400s ┊ 感光度：ISO100』

用高感光度拍摄建筑精致的内景

在拍摄建筑时，除了拍摄宏大的整体造型及外部细节之外，也可以进入建筑物内部拍摄内景，如歌剧院、寺庙、教堂等建筑物内部都有许多值得拍摄的细节。

由于室内的光线较暗，在拍摄时应注意快门速度的选择，如果快门速度低于安全快门，应适当调大几挡光圈。由于 Canon EOS 90D 相机的高感光度性能比较优秀，因此最简单有效的方法是使用 ISO1600 甚至 ISO3200 这样的高感光度进行拍摄，从而以较小的光圈、较高的快门速度表现建筑内部的细节。

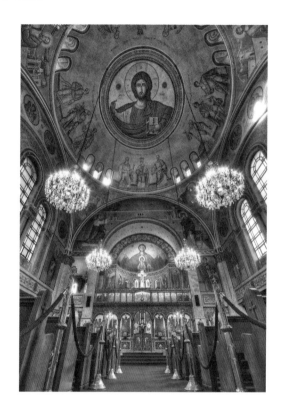

▶ 拍摄较暗的建筑内景时，可使用大光圈增加镜头的进光量，并适当提高感光度以提高快门速度。『焦距：17mm ¦ 光圈：F5 ¦ 快门速度：1/60s ¦ 感光度：ISO1000 』

通过对比突出建筑的体量

在没有对比的情况下，很难通过画面直观判断出这个建筑的体量。因此，如果在拍摄建筑时希望体现出建筑宏大的气势，就应该在画面中加入容易判断大小体量的元素，从而通过大小对比来表现建筑的气势，最常见的元素就是建筑周边的行人或者大家比较熟知的其他小型建筑。总而言之，就是用大家知道体量的景物或人来对比突出建筑物的体量。

▲ 以画面下方的人群作为对比，更突出了建筑的高大。『焦距：35mm ¦ 光圈：F16 ¦ 快门速度：15s ¦ 感光度：ISO100 』

拍摄蓝调天空夜景

要表现城市夜景，等天空完全黑下来后才去拍摄，并不一定是个好选择，虽然那时城市里的灯光更加璀璨。实际上，当太阳刚刚落山、夜幕即将降临、路灯也刚刚开始点亮时，才是拍摄夜景的最佳时机。此时天空具有更丰富多彩的颜色，通常是蓝紫色，而且在这段时间拍摄夜景，天空的余光能勾勒出天际边被摄体的轮廓。

如果希望拍摄出深蓝色调的夜空，应该选择一个雨过天晴的夜晚，由于大气中的粉尘、灰尘等物质经过雨水的冲刷而降落到地面上，使得天空的能见度提高而变为纯净的深蓝色。此时，带上拍摄装备去拍摄天完全黑透之前的夜景，会获得十分理想的画面效果，画面将呈现出醉人的蓝色调，让人觉得仿佛走进了童话故事里的世界。

▲ 在日落后的傍晚拍摄大桥夜景，由于色温较高，因此天空的色调偏冷。为了增强画面的蓝调氛围，使用了色温较低的"荧光灯"白平衡模式。『焦距：16mm ┊ 光圈：F16 ┊ 快门速度：6s ┊ 感光度：ISO100』

利用水面拍出极具对称感的夜景建筑

在上海隔着黄浦江能够拍摄到漂亮的外滩夜景，而在香港则可以在香江对面拍摄到点缀着璀璨灯火的维多利亚港，实际上国内类似这样临水而建的城市还有不少，在拍摄这样的城市时，利用水面拍出极具对称效果的夜景建筑是一个不错的选择。夜幕下城市建筑群的璀璨灯光，会在水面上反射出五颜六色的、长长的倒影，不禁让人感叹城市的繁华与时尚。

要拍出这样的效果，需要选择一个没有风的天气，否则在水面被风吹皱的情况下，倒影的效果不会太理想。

此外，要把握曝光时间，其长短对于最终的画面效果影响很大。如果曝光时间较短，在水面的倒影中能够依稀看到水流的痕迹；而较长的曝光时间能够将水面拍成如镜面一般平整。

◀ 采用水平对称的构图形式拍摄岸边的建筑画面，给人十分宁静的感觉，彩色的灯光与蓝色的天空、水面形成了强烈的对比，增强了画面的视觉冲击力。『焦距：16mm ┊ 光圈：F10 ┊ 快门速度：2s ┊ 感光度：ISO200』

长时间曝光拍摄城市动感车流

使用慢速快门拍摄车流经过的长长的光轨,是绝大多数摄影师喜爱的城市夜景题材。但要拍出漂亮的车灯轨迹,对拍摄技术有较高的要求。

很多摄友拍摄城市夜晚车灯轨迹时常犯的错误是选择在天色全黑时拍摄,实际上应该选择在天色未完全黑暗时进行拍摄,这时的天空有宝石蓝般的色彩,拍出的照片中的天空才会漂亮。

如果要让照片中的车灯轨迹呈迷人的S形线条,拍摄地点的选择很重要,应该在能够看到弯道的地点进行拍摄,如果在过街天桥上拍摄,那么出现

在画面中的灯轨线条必然是在远方交汇的直线条,而不是S形线条。

拍摄车灯轨迹一般选择快门优先模式,并根据需要将快门速度设置为30s以内的数值(如果要使用超出30s的快门速度进行拍摄,则需要使用B门)。在不会过曝的前提下,曝光时间的长短与最终画面中车灯轨迹的长度成正比。

使用这一拍摄技巧,还可以拍摄城市中其他有灯光装饰的景物,如摩天轮、音乐喷泉等,使运动中的发光对象在画面中形成光轨。

▲ 三脚架配合低速快门的使用,使拍出的城市夜晚车灯轨迹更加璀璨,画面不仅充满了动感,而且还呈现出了十分迷人的效果。『焦距:17mm ┆光圈:F16 ┆快门速度:25s ┆感光度:ISO100』

光线摄影